HUGUANG BAOHU ZHUANGZHI
YUNXING YU JIANCE

弧光保护装置
运行与检测

丁心志　刘柱揆　主　编

许守东　鲁雅斌　耿开胜　副主编

中国电力出版社

CHINA ELECTRIC POWER PRESS

内 容 提 要

为保证配电网系统的安全，防止配电系统稳定破坏、重大设备损坏和大面积停电。从弧光保护装置的角度出发，分析选用原则、安装方法、技术要求、试验方法、事故处理原则等内容，特组织编写本书。

全书共分九章，主要内容包括：概述，弧光保护装置的选用、安装，弧光保护装置的相关要求，弧光保护装置的试验方法，弧光传感器，弧光保护装置的调试和维护，电弧光故障分析，弧光保护装置实例分析，电弧光保护作为母线主保护在中、低压开关柜的应用。

本书可供电力系统各级调度运行人员及相关技术人员和管理人员学习、借鉴、培训使用，也可作为电力企业研发人员、相关院校师生的参考用书。

图书在版编目（CIP）数据

弧光保护装置运行与检测 / 丁心志，刘柱揆主编 .—北京：中国电力出版社，2018.5
ISBN 978-7-5198-1539-4

Ⅰ．①弧… Ⅱ．①丁…②刘… Ⅲ．①弧光放电–保护装置–运行–检测 Ⅳ．① TM403.5

中国版本图书馆 CIP 数据核字（2017）第 310430 号

出版发行：中国电力出版社
地　　址：北京市东城区北京站西街 19 号（邮政编码 100005）
网　　址：http://www.cepp.sgcc.com.cn
责任编辑：孙　芳
责任校对：王开云
装帧设计：左　铭
责任印制：蔺义舟

印　　刷：三河市百盛印装有限公司
版　　次：2018 年 5 月第一版
印　　次：2018 年 5 月北京第一次印刷
开　　本：787 毫米 ×1092 毫米　16 开本
印　　张：7.5
字　　数：159 千字
印　　数：0001—2000 册
定　　价：80.00 元

随着我国电力事业的发展，城市规划的不断扩大，配电网规模越来越大，中低压配网发生故障，如不能及时有效地进行控制和处理，就有可能造成重大设备损坏和大面积停电，并给社会和当事人带来灾难性的后果。弧光保护作为中压配电柜母线及开关柜本体故障的快速主保护，可以最大限度地保障弧光产生时附近工作人员的安全，避免开关设备和变压器的严重损坏，防止因直流系统失电造成的故障扩大，减少用户停电时间，延长开关设备的使用寿命。

由于弧光保护原理与传统保护的原理不同，弧光传感器一般安装在中低压开关柜的母线室、断路器室和电缆室，保护范围跨间隔。在安装弧光保护装置时必须要在整段母线停电后进行，弧光保护装置投入运行后检修调试一般也需要申请母线停电，影响范围比较广泛。因此，相对于传统单间隔保护装置，对弧光保护装置的安装、调试、运行和维护提出了更高的要求。为了及时总结经验教训，防止类似事故重复发生，编制本书，以便各开关柜使用单位相关交流、借鉴、学习，更进一步做好配电网的安全运行工作。

本书的编制从理论和实际运行、检测两方面着手，侧重于弧光保护装置的选型、安装、检测和维护、案例分析等，涵盖弧光保护装置的各个方面，可供设计、施工、检测企业交流和学习。

感谢本书的所有作者，非常感谢他们对本书编写工作的支持，特别是很多研发制造厂家在百忙之中给我们提出的建议，也非常感谢全国量度继电器和保护设备标准化技术委员会和杭州瑞胜电气有限公司周林董事长对本书编写工作的支持与协助，没有你们的辛苦付出，就没有本书的出版。

限于技术水平和时间，文中疏漏差错在所难免，希望读者批评指正。

编　者

2018 年 1 月

前言

1 概述 ……………………………………………………………………… 1

1.1 保护装置 ……………………………………………………………… 1

1.2 保护装置的分类及结构 ……………………………………………… 4

    1.2.1 按保护原理分类 ……………………………………………… 4

    1.2.2 按保护作用分类 ……………………………………………… 5

    1.2.3 按保护技术分类 ……………………………………………… 6

    1.2.4 按保护对象分类 ……………………………………………… 7

    1.2.5 按故障类型分类 ……………………………………………… 7

1.3 保护装置特性 ………………………………………………………… 9

2 弧光保护装置的选用和安装 ……………………………………… 10

2.1 弧光保护配置的必要性 ……………………………………………… 10

2.2 弧光保护装置的选择 ………………………………………………… 11

    2.2.1 电源参数选择 ………………………………………………… 11

    2.2.2 弧光保护装置选择 …………………………………………… 11

2.3 施工前准备工作 ……………………………………………………… 12

2.4 施工工艺要求 ………………………………………………………… 12

2.5 弧光保护装置典型安装原则 ………………………………………… 13

    2.5.1 弧光保护装置的安装原则 …………………………………… 13

    2.5.2 弧光保护装置主单元的安装原则 …………………………… 15

    2.5.3 弧光保护装置扩展单元的安装原则 ………………………… 15

    2.5.4 弧光传感器的安装原则 ……………………………………… 16

3 弧光保护装置的相关要求 ………………………………………… 19

3.1 弧光保护装置的原理和特点 ………………………………………… 19

    3.1.1 弧光保护原理 ………………………………………………… 19

　　　3.1.2 弧光保护特点 ……………………………………………… 20

3.2 弧光保护装置组成和逻辑 ………………………………………… 21

　　　3.2.1 弧光保护装置原理 …………………………………………… 22

　　　3.2.2 弧光保护装置配置与动作逻辑 ……………………………… 23

3.3 弧光保护装置的功能和技术要求 ………………………………… 30

　　　3.3.1 外观和结构要求 ……………………………………………… 30

　　　3.3.2 额定电气参数 ………………………………………………… 31

　　　3.3.3 装置的主要功能 ……………………………………………… 31

　　　3.3.4 技术性能要求 ………………………………………………… 32

　　　3.3.5 绝缘性能要求 ………………………………………………… 33

　　　3.3.6 环境性能要求 ………………………………………………… 33

　　　3.3.7 机械性能要求 ………………………………………………… 35

　　　3.3.8 电磁兼容要求 ………………………………………………… 37

　　　3.3.9 安全性能要求 ………………………………………………… 40

4 弧光保护装置的试验方法 …………………………………………… 42

4.1 试验条件 …………………………………………………………… 42

4.2 装置功能试验 ……………………………………………………… 42

　　　4.2.1 外观和结构检查 ……………………………………………… 42

　　　4.2.2 装置的主要功能试验 ………………………………………… 42

　　　4.2.3 弧光信息采样 ………………………………………………… 42

　　　4.2.4 弧光保护试验方法 …………………………………………… 43

4.3 装置的主要技术性能试验 ………………………………………… 46

　　　4.3.1 继电器触点性能试验 ………………………………………… 46

　　　4.3.2 功率消耗试验 ………………………………………………… 46

　　　4.3.3 弧光单判据速断保护试验 …………………………………… 46

　　　4.3.4 弧光过流双判据保护试验 …………………………………… 46

　　　4.3.5 电弧光传感器测量精度试验 ………………………………… 47

　　　4.3.6 弧光延时保护试验 …………………………………………… 47

　　　4.3.7 对时精度试验 ………………………………………………… 47

　　　4.3.8 电源变化影响试验 …………………………………………… 48

　　　4.3.9 过载能力试验 ………………………………………………… 48

　　　4.3.10 绝缘性能检验 ……………………………………………… 48

　　　4.3.11 环境性能试验 ……………………………………………… 48

　　　4.3.12 机械性能试验 ……………………………………………… 48

　　　4.3.13 电磁兼容要求试验 ………………………………………… 48

　　　　4.3.14　安全性能试验 ··· 50

5　**弧光传感器** ··· 51

　5.1　电弧光的光学特性 ··· 51
　　　　5.1.1　电弧光的发光特性 ·· 51
　　　　5.1.2　电弧光的发生原因 ·· 51
　　　　5.1.3　电弧光的危害 ··· 52
　　　　5.1.4　电弧光的检测方法 ·· 53
　　　　5.1.5　电弧光光谱能量分布 ··· 54
　　　　5.1.6　电弧光特性应用 ··· 59
　5.2　光学传感器的原理 ··· 60
　　　　5.2.1　光学传感的机理 ··· 60
　　　　5.2.2　光纤传输的特性 ··· 60
　　　　5.2.3　光传感材料 ··· 63
　5.3　弧光传感器的分类及结构 ·· 64
　　　　5.3.1　弧光传感器的分类 ·· 64
　　　　5.3.2　弧光传感器的结构 ·· 65

6　**弧光保护装置的调试和维护** ··· 66

　6.1　弧光保护装置的调试 ·· 66
　6.2　弧光保护装置的测试 ·· 67
　6.3　现场测试 ··· 68
　6.4　弧光保护装置的维护 ·· 69

7　**电弧光故障分析** ··· 70

　7.1　电弧光故障理论分析 ·· 70
　　　　7.1.1　中性点不接地系统单相接地时的物理过程 ····················· 70
　　　　7.1.2　中性点不接地系统发生电弧接地故障分析 ····················· 71
　7.2　电弧光故障仿真分析 ·· 73
　　　　7.2.1　电弧的动态模型 ··· 73
　　　　7.2.2　电弧模型的 MATLAB 分析 ·· 74
　　　　7.2.3　单相电弧性接地的仿真实验模型 ·································· 75

8　**弧光保护装置的实例分析** ·· 77

　8.1　IEEE 规程要求、试验与解决方案 ··· 77
　8.2　开关柜内部故障理论解决方案 ·· 78
　8.3　五福变电站 35kV 开关柜弧光实例分析 ····································· 81

8.3.1 系统介绍 ……………………………………… 81

8.3.2 事故经过 ……………………………………… 81

8.3.3 故障原因 ……………………………………… 83

8.3.4 弧光保护装置情况 ……………………………… 84

8.3.5 设备损坏情况 …………………………………… 86

8.4 一起弧光触电人身死亡事故 ………………………… 87

8.4.1 事故经过 ……………………………………… 87

8.4.2 事故原因分析 …………………………………… 88

8.4.3 防范措施 ……………………………………… 89

8.4.4 相关要求 ……………………………………… 89

8.4.5 事故现场图片 …………………………………… 90

8.5 一起电缆故障引发母线弧光短路的分析处理 ………… 90

8.5.1 事故经过 ……………………………………… 90

8.5.2 故障原因 ……………………………………… 91

8.5.3 处理结果及防范措施 …………………………… 94

8.5.4 事故结论 ……………………………………… 94

8.6 某电厂"8·25"人身轻伤及机组跳闸事故分析处理 … 94

8.6.1 事故概况 ……………………………………… 94

8.6.2 事件经过 ……………………………………… 95

8.6.3 原因分析和损伤情况 …………………………… 95

8.6.4 分析和整改措施 ………………………………… 96

9 电弧光保护作为母线主保护在中低压开关柜的应用 ……… 98

参考文献 ……………………………………………… 109

1

概　　述

1.1　保护装置

从某种意义上讲，电力系统保护是一门较"传统"的技术。发展到现在，其原理本身并没有像通信领域有着"天翻地覆"的变化和发展。变电站保护和监控等二次领域也不例外。随着微电子和计算机及通信等基础领域技术的发展，实现的方法和方式发生了变化。例如，保护从最早的电磁式到分立元件，从集成电路到现在的微机保护；变电站监控从原先的仪表光字牌信号到集中式 RTU 直到现在的综合自动化。原理基本上没有大的改变。我们在综自调试工程现场碰到很多信号（比如事故总线、控制回路断线等）的概念都是从原先传统电磁式的变电站二次控制系统/中央信号系统延伸过来的，同时在现场调试碰到的很多问题都跟断路器等二次控制回路有关。操作回路看似简单，似乎没有多少技术含量，其实恰恰相反。因此，只有了解了有关基本概念的由来，同时熟练掌握操作回路的特点和应用，才能在调试工作中灵活处理有关问题。

电力系统的一次设备在运行过程中由于外力、绝缘老化、过电压、误操作、设计缺陷等原因会发生短路、断线等故障。最常见、最危险的故障是发生各种类型的短路。随着自动化技术的发展，电力系统的正常运行、故障期间以及故障后的恢复过程中，许多操作日趋高度自动化。这些控制操作的技术与装置大致分为两大类：其一，为保证电力系统正常运行的经济性和电能质量的自动化技术与装置，主要进行电能生产过程的连续自动调节，动作速度相对迟缓，调节稳定性高，把整个电力系统或其中的一部分作为调节对象，这就是通常理解的"电力系统自动化（控制）"；其二，当电网或电气设备发生故障，或出现影响安全运行的异常情况时，自动切除故障设备和消除异常情况的技术与装置，其特点是动作速度快，属非调节性的，这就是通常理解的电力系统继电保护与安全自动装置。

为了在故障后尽快消除运行中的异常情况、迅速恢复电力系统的正常运行，防止大面积的停电，保护对重要用户的连续供电，常采用以下自动化措施：输电线路重合闸、备用电源自动投入、低电压切负荷、按频率自动减负荷、电气制动、振荡解列以及为维持系统的暂态稳定而配备的稳定性紧急控制系统。完成这些任务的自动装置统称为电网安全自动装置。

电力系统中的发电机、变压器、输电线路、母线以及用电设备，一旦发生故障，迅速而又选择性地切除故障设备，既保护电气设备免遭损坏，又提高电力系统运行的稳定性，是保证电力系统及其设备安全运行最有效的方法之一。切除故障的时间通常要求几十到几百毫秒。实践证明，只有装设在每个电力元件上的继电保护装置，才有可能完成这个任务。继电保护装置，就是指能反应电力系统中电气设备发生故障或不正常运行状态，并动作于断路器跳闸或发出信号的一种自动装置。

电力系统继电保护，泛指继电保护技术和由各种继电保护装置组成的继电保护系统，包括继电保护的原理设计、配置、整定、调试等技术，也包括由获取电量信息的电压、电流、互感器二次回路，经过继电保护装置到断路器跳闸线圈的一整套具体设备。如果需要利用通信手段传送信息，还包括通信设备。

电力系统继电保护的基本任务是：自动、迅速、有选择性地将故障元件从电力系统中切除，使故障元件免于继续遭到破坏，保证其他无故障部分迅速恢复正常运行。

根据运行维护条件，反应电气设备的不正常状态，是动作于发出信号或跳闸。此时，一般不要求迅速动作，而是根据对电力系统及元件的危害程度规定一定的延时，避免短暂的运行波动造成不必要的动作和干扰引起的误动。

要完成电力系统继电保护的基本任务，首先要区分电力系统的正常、不正常工作和故障三种运行状态，辨别出发生故障和出现异常的元件。而进行区分和辨别，必须寻找电力元件在这三种运行状态下可测参量（继电保护主要测电气量）的差异，提取和利用这些可测参量的差异，实现对正常、不正常工作和故障元件的快速区分。依据可测电气量的不同差异，可以构成不同原理的继电保护。目前，已经发现不同运行状态下具有明显差异的电气量有：流过电力元件的相电流、序电流、功率及其方向；元件的运行相电压幅值、序电压幅值；元件的电压与电流的比值，即测量阻抗等。发现并正确利用可靠区分三种运行状态可测参量或参量的新差异，就可以形成新的继电保护原理。

在正常运行时，每条线路上都流过由继电保护供电的负荷电流，越靠近电源端，负荷电流越大。如果发生短路故障，就可以利用被保护元件电流幅值的增大，构成过电流保护。

正常运行时，各变电站母线上的电压一般都在额定电压±5%～±10%范围内变化，且靠近电源端母线上的电压略高。短路后，各变电站母线上的电压有不同程度的降低，离短路点越近，电压降得越低，短路点的相间或对地电压降低到零。利用短路时电压幅值的降低，可以构成低电压保护。

同样，在正常运行时，线路始端电压与电流之比反映的是该线路与供电负荷的等值阻抗及阻抗角（功率因素角），其数值一般较大，阻抗角较小。短路后，线路始端电压与电流之比反映的是该测量点到短路点之间线路段的阻抗，其值较小，如不考虑分布电容时一般正比于该线路端的距离（长度），阻抗角为线路阻抗角，则较大。利用测量阻抗幅值的降低和阻抗角的变大，可以构成距离（低阻抗）保护。

如果发生的不是三相对称短路，而是不对称短路，则在供电网络中会出现某些不对称分量，如负序或零序电流和电压等，并且其幅值较大。而在正常运行时系统对称、负序和零序分元件分量不会出现。利用这些分量构成的保护，一般都具有良好的选择性和灵敏性，并得到了广泛的应用。

短路点到电源之间的所有元件诸如以上的电气量，在正常运行与短路时都有相同规律的差异。利用这些差异构成的保护装置，短路时都有可能做出反应，但还需要辨别出哪一个是发生短路的元件。若是发生短路的元件，则保护动作跳开该元件，切除故障；若是短路点到电源之间的非故障元件，则保护可靠不动作。常用的方法是预先给定各电力元件保护的保护范围，求出保护范围末端发生短路时的电气量，考虑适当的可靠性裕度后，作为保护装置的动作整定值，短路时测得的电气量与之进行比较，做出是否为本元件短路的判别。但当故障发生在线路短路末端与下级线路的首端出口处时，在本线路首段测得的电气量差别不大，为了保证本线路短路被快速切除而下级线路短路时不动作，快速动作的保护只能保护本线路一部分。对末端部分的短路，则采用慢速的保护，当下级线路快速保护不动作时才切除本级线路。这种利用单端电气量的保护需要上、下级保护（离电源的近、远）动作整定值和动作时间的配合，才能完成切除任意点短路的保护任务，被称为阶段式保护特性。

对于220kV及以上多侧电源的输电网络中的任一电力元件，在正常运行的任一瞬间，负荷电流总是从一侧流入而从另一侧流出，如果规定电流的正方向是从母线流向线路，那么线路两侧电流的大小相等，相位相差180°，两侧电流的向量和为零。并且只要被保护的线路内部没有短路，即使发生被保护的线路外部短路，这种关系依然保持成立。

但是，当发生被保护线路内部短路时，两侧电流分别向短路点供给短路电流，两侧都是由母线流向线路，此时两个电流一般不相等，在理想条件（两侧电动势同相位且全系统的阻抗角相等）下，两个电流同相位，两个电流的向量和等于短路点的总电流，其值较大。

利用每个电力元件内部与外部短路时两侧电流向量的差别可以构成电流差动保护，利用两侧电流相位的差别可以构成电流相位差动保护，利用两侧功率方向的差别可以构成方向比较式纵联保护，利用两侧测量阻抗的大小和方向等还可以构成其他原理的纵联保护。利用某些通信通道同时比较被保护元件两侧正常运行与故障时电气量差异的保护，称为纵联保护。他们只在被保护元件内部故障时动作，可以快速切除被保护元件内部任意点的故障，具有绝对的选择性，常被用作220kV及以上输电网络和较大容量发电机、变压器、电动机等电力元件的主保护。

除反映上述各种电气量变化特征的保护外，还可以根据电力元件的特点实现反应非电量特征的保护。例如，当变压器油箱内部的绕组短路时，反应于变压器油受热分解所产生的气体，构成瓦斯保护；反应于电动机绕组温度的升高而构成的过热保护等。

由发电、输电、变电、配电、用电设备及相应的辅助系统组成的电能生产、输送、分配、使用的统一整体称为电力系统；由输电、变电、配电设备及相应的辅助系统组成的联系发电与用电的统一整体称为电力网。能反映电力系统中的故障和不正常工作状态，并动作于断路器跳闸或发出信号的自动装置，因为其从前大多由继电器组合而成，所以称为继电保护装置。

电力系统事故依据事故范围大小可分为两大类，即局部事故和系统事故。

局部事故是指系统中个别元件发生故障，使局部地区电网运行和电能质量发生变化，用户用电受到影响的事件。因此，设置性能良好的继电保护，当电力系统中某电气元件发生故障时，能自动地、迅速地、有选择地将故障元件从电力系统中切除，能及时反应并根据运行维护的条件发出信号或跳闸，避免故障元件继续遭到破坏，使非故障元件迅速恢复正常运行，确保电网发生常见的单一故障时稳定运行和正常供电。

系统事故是指系统内主干联络线跳闸或失去大电源，引起全系统频率、电压急剧变化，造成供电电能数量或质量超过规定范围，甚至造成系统瓦解或大面积停电的事件。采用稳定控制装置及切机、切负荷等稳定控制措施，确保电网在发生概率较低的严重故障时能继续保持稳定运行；或者设置失步解列、频率及电压紧急控制装置，当电网遇到多重严重事故而稳定破坏时，依靠这些装置防止事故扩大，防止出现面积停电。

1.2 保护装置的分类及结构

1.2.1 按保护原理分类

继电保护装置要能起到反事故自动装置的作用，必须正确地区分"正常"与"不正常"运行状态、被保护元件的"外部故障"与"内部故障"，以实现继电保护的功能。因此，通过检测各种状态下被保护元件所反映各种物理量的变化不同，继电保护按保护反映的物理量分类。

1.2.1.1 电气量的保护

电力系统发生故障时，通常伴有电流增大、电压降低以及电流与电压的比值（阻抗）和他们之间的相位角改变等现象。因此，在被保护元件的一端装设的各种变换器可以检测、比较并鉴别出发生故障时这些基本参数与正常运行时的差别，就可以构成各种不同原理的继电保护装置。

（1）过电流保护：反映电流增大构成过电流保护，故障电流超过过流保护整定值，故障出现时间超过保护整定时间后发出跳闸命令。

（2）过电压保护：反映电压升高构成过电压保护，故障电压超过保护整定值时，发出跳闸命令或过电压信号。

（3）低电压保护：反映电压降低构成低电压保护，故障电压低于保护整定值时，发出跳闸命令或低电压信号。

（4）方向保护：反映电流与电压间的相位角变化构成方向保护，根据故障电流的方向，有选择性地发出跳闸命令称为方向保护。

（5）距离保护：反映电压与电流比值的变化构成距离保护，根据故障点到保护安装处的距离（阻抗）发出跳闸命令称为距离保护。

（6）差动保护：根据在被保护元件内部和外部短路时，被保护元件各端电流相位的差别，构成差动保护，当流过变压器、中性点线路或电动机绕组，线路两端电流之差变化超过整定值时，发出跳闸命令称为纵差动保护，两条并列运行的线路或两个绕组之间电流差变化超过整定值时，发出跳闸命令称横差动保护。

（7）高频保护：根据在被保护元件内部和外部短路时，被保护元件两端功率方向的差别，构成高频保护，再利用弱电高频信号传递故障信号来进行选择性跳闸的保护称为高频保护。

同理，由于序分量保护灵敏度高，也得到广泛应用。

新出现的反映故障分量、突变量以及自适应原理的保护也在发展应用中。

1.2.1.2　非电气量的保护

（1）瓦斯保护：反应压力、流量非电气量变化的可以构成电力变压器的瓦斯保护，对于油浸变压器，当变压器内部发生匝间短路出现电气火花，变压器油被击穿出现瓦斯气体冲击安装在油枕通道管中的瓦斯继电器，故障严重，瓦斯气体多，冲击力大，重瓦斯动作于跳闸，故障不严重，瓦斯气体少，冲击力小，轻瓦斯动作于信号。

（2）温度保护：反应温度非电气量变化的可以构成电力变压器的温度保护。变压器、电动机或发电机过负荷或内部短路故障，出现设备本体温度升高，超过整定值发出跳闸命令或超温报警信号。

总之，不管反应哪种物理量，模拟继电保护装置，一般是由测量部分、逻辑部分和执行部分组成。测量部分从被保护对象输入有关信号，再与给定的整定值比较，以判断是否发生故障或不正常运行状态；逻辑部分依据测量部分输出量的性质、出现的顺序或其组合，进行逻辑判断，以确定保护是否应该动作；执行部分依据前面环节判断得出的结果予以执行跳闸或发信号。

1.2.2　按保护作用分类

电力系统中的电力设备和线路，应装设短路故障和异常运行保护装置，电力设备和线路短路故障的保护应有主保护和后备保护，必要时可在增设辅助保护或异常运行保护。

（1）主保护：满足电力系统稳定和设备安全要求，能以最快速度有选择性地切除被保护设备和线路的故障。

（2）后备保护：主保护或断路器拒动时，用以切除故障的保护。后备保护可分为远后备和近后备两种：当主保护拒动时，由本电力设备或线路的另一套保护发出跳闸命令的称为近后备保护。当主保护或断路器拒动时，由相邻（上一级）电力设备或线路的保护来切除故障的后备保护为远后备保护。

（3）辅助保护：为补充主保护和后备保护的性能或当主保护和后备保护退出运行而

增设的简单保护。

（4）异常运行保护：反映被保护运行设备或线路异常运行状态的保护。

1.2.3　按保护技术分类

1.2.3.1　机电型保护

机电型继电保护装置的测量部分、逻辑部分及执行部分主要由若干个不同性能的机电型继电器经过电-磁-力-机械运动的多次转换而组成。机电型继电器基于电磁力或电磁感应作用产生机械动作原理而制成。只要给继电器加入某种物理量或加入的物理量达到某个规定数值时，它就会动作。其动合（常开）触点闭合，动断（常闭）触点断开，输出信号。

1.2.3.2　整流型保护

整流型保护是把一个或几个整流元器件按一定的形式连接并与触发系统、各种传感器或者其他控制单元通过特殊的方法封装成模块而构成的保护。

1.2.3.3　晶体管型保护

晶体管型保护是由若干具有不同功能的晶体管电路所构成的一种继电保护装置。测量部分的功能，是检测供电系统发生短路故障引起的电流、电压及其相位等的变化情况，并将这些物理量经过转换、整流和滤波，输送到晶体管保护的逻辑回路中去进行判断处理。逻辑部分的功能，是对其前面测量部分输出的信号进行逻辑判断，确定被保护对象的运行状态是否正常，以便确定保护装置如何动作。

1.2.3.4　集成电路型保护

通过一系列特定的加工工艺，将多个晶体管、二极管等有源器件和电阻、电容器等无源器件，按照一定的电路连接集成在一块半导体单晶片（如硅或 GaAs 等）或者陶瓷等基片上，作为一个不可分割的整体执行某一特定功能的电路组件构成的保护。

1.2.3.5　微机保护

微机保护是用微型计算机构成的继电保护。其由硬件和软件两部分组成，软件由初始化模块、数据采集管理模块、故障检出模块、故障计算模块、自检模块等组成；硬件由六个功能单元构成，即数据采集系统、微机主系统、开关量输入/输出电路、工作电源、通信接口和人机对话系统。当电力系统发生故障时，故障电气量通过模拟量输入系统转换成数字量，然后送入计算机的中央处理器，对故障信息按相应的保护算法和程序进行运算，且将运算的结果随时与给定的整定值进行比较，判别是否发生故障。一旦确认区内故障发生，根据开关量输入的当前断路器和跳闸继电器的状态，经开关量输出系统发出跳闸信号，并显示和打印故障信息。

1.2.4 按保护对象分类

继电保护装置是保护电力元件安全运行的基本装备，任何电力元件不得在无保护的状态下运行，按保护对象分为系统保护和元件保护。

系统保护：线路保护、短引线保护、母线保护。

线路装设的主要保护：主保护为纵联保护，后备保护为三段式接地保护和相间距离保护、四段式零序方向保护及零序反时限保护、过电压及远方跳闸保护，并具有自动重合闸功能。

短引线保护由比率差动保护构成。

母线保护包括母线差动保护、断路器失灵保护。

元件保护：变压器（含站用变、接地变）保护、断路器保护、高抗保护（6kV 及以下电抗器保护）、母联（分段）保护、电容器保护。

变压器装设的主要保护：变压器纵联差动保护、变压器瓦斯保护、变压器电流速断保护、过励磁保护、过负荷保护。另外，变压器后备保护如过电流保护、低电压过电流保护、复合电压过电流保护、电流限时速断保护、负序电流保护、阻抗保护、变压器反时限过电流保护等。

断路器装设的主要保护：失灵保护、三相不一致保护、死区保护、充电保护等。

并联电抗器应装设的主要保护：瓦斯保护、纵联差动保护、过电流保护、匝间短路保护、过负荷保护。

母联（分段）装设的主要保护：母联死区保护、母联充电保护、母联失灵保护、母联过流保护、母联非全相过流保护。

电容器装设的主要保护：熔断器保护、过电流保护、不平衡电压保护和不平衡电流保护、过电压保护、低电压保护。

1.2.5 按故障类型分类

1.2.5.1 相间短路保护

相与相之间短路而设置的保护叫相间短路保护。相间短路的后备保护为：过电流保护、复合电压起动的过流保护、负序电流保护和单相式低压启动的过电流保护、阻抗保护。

1.2.5.2 接地故障保护

由于绝缘损坏，致使相线与 PE 线、外露可导电部分、外部可导电部分以及大地间的短路称为接地故障，接地故障配置的保护为接地故障保护。

1.2.5.3 匝间短路保护

匝间短路是比较常见的一种内部故障形式，但是当短路匝数很少时，一相匝间短路引起的三相不平衡的可能很小，很难被继电保护装置检出，而且不管短路匝数多大，纵差保护总是不能反映匝间短路故障的。因此采用高灵敏度的匝间短路保护。

1.2.5.4 断线保护

一般指的是一相断线或两相断开的非全相运行状态，而设置的保护，即为断线保护。输电线路单相或两相断线、分相检修线路或断路器设备单相或两相断路器误跳、断路器合闸过程中三相触头不同时接通、线路单相接地短路后故障相断路器跳闸等会造成非全相运行。

1.2.5.5 失步保护

发电机输出功率的变化较大，或系统中出现大扰动，或励磁调节不当，使发电机与系统间的功角 δ 大于静态稳定极限，将出现静态稳定状态破坏而失步。发电机失步运行时，电流、电压、有功功率和无功功率均出现大幅度波动。大型发电机变压器组的阻抗相对增加，因此振荡中心常落在发电机附近或升压变压器范围内。振荡中发电机端电压周期性下降，严重影响用电机械设备的稳定运行，甚至导致停机事故。300MW 及以上发电机宜装设失步保护。

1.2.5.6 失磁保护

失磁保护作为发电机励磁电流异常下降或完全消失的失磁故障保护。发电机完全失去励磁时，励磁电流将逐渐衰减至零，发电机感应电动势随之减小，其电磁转矩将小于原动机转矩，引起转子加速，使发电机功角 δ 增大，当其超过静态稳定极限角时，发电机与系统失去同步。转子出现转差，定子电流增大，定子电压下降，有功功率下降，无功功率反向并且增大；在转子回路中出现差频电流；电力系统的电压下降及某些电源支路过电流。失磁时端部漏磁增大，同时吸收大量无功功率引起定子电流增大，导致定子端部铁芯和金属构件以及定子绕组温度升高，可能引起局部过热；失磁后异步运行可能引发机组振动。应尽量避免失磁后运行时间过长。

1.2.5.7 过激磁保护

发电机或变压器过激磁运行时，发电机定子或变压器铁芯饱和，励磁电流急剧增加。励磁电流波形发生畸变，产生高次谐波，从而使内部损耗增大、铁芯温度升高。另外，铁芯饱和之后，漏磁通增大，易使导线、油箱壁及其他构件产生涡流，引起局部过热。严重时造成铁芯变形及损伤介质绝缘。

1.3　保护装置特性

电力系统继电保护的基本性能应满足可靠性、选择性、快速性、灵敏性。

（1）可靠性是指保护该动作时应动作，不该动作时不动作。为保证继电保护的可靠性配置最简单的保护方式，采用可靠的元件和尽可能简单的回路构成技术性能优良的继电保护装置以及正常的运行维护和管理来保证。保护装置便于整定、调试和运行维护。

（2）选择性是指当电力系统中的设备或线路发生短路时，其继电保护仅将故障的设备或线路切除，当故障设备或线路本身的保护或断路器拒动时，才允许由相邻设备、线路的保护或断路器失灵保护切除故障。

为保证选择性，对相邻设备和线路有配合要求的保护和同一保护内有配合要求的两个元件，其灵敏系数及动作时间，在一般情况下应相互配合。

（3）灵敏性是指在设备或线路的被保护范围内发生金属性短路时，保护装置应具有必要的灵敏系数。

（4）速动性是指保护装置应能尽快地切除短路故障，其目的是提高系统稳定性，减轻故障设备和线路的损坏程度。缩小故障波及范围，提高自动重合闸和备用电源或备用设备自动投入的效果等。

2

弧光保护装置的选用和安装

2.1 弧光保护配置的必要性

开关柜设备由于本身的缺陷、异常的工作条件、谐振过电压、绝缘故障、载流回路不良、外来物体的进入以及人为操作错误等原因，都可能引起弧光短路故障，造成气体间隙击穿而引燃电弧。弧光短路释放巨大的能量，产生各种电弧效应，使开关柜设备中的压力和温度迅速增加，伴随着巨大的光能和热能释放，如不能及时切除，电弧可将开关柜设备内的器件点燃，引起火灾，大面积烧毁配电设备，造成严重的损失和重大人身伤亡事故。

弧光故障的危害程度取决于电弧光故障电流及切除时间，电弧光产生的能量主要与电弧的燃烧时间以及短路电流的平方值成正比。开关柜设备内部故障电弧燃烧所造成的故障效应包括压力效应、燃烧效应（热效应）、辐射和声响效应，无论是对开关柜设备还是对附近的工作人员，危险性都很大。电弧燃烧持续时间超过 100ms，所释放的能量开始急剧增加，接着各种故障效应对开关柜设备的电缆、铜排以及钢材造成严重损坏。

开关柜弧光短路故障的防护措施主要有被动防护措施和主动防护措施。

（1）被动防护措施。采用这种措施的目的是限制故障电弧产生的各种效应，如加强开关柜的结构、密封隔离各单元室、设置释放板和泄压通道等。采用这种措施在一定程度上能减少损坏程度。但是，如果要采用通过加强结构的方式来较大地提高开关柜的燃弧耐受时间的话，则需要增加很大的设备费用。

（2）主动防护措施。采用高速专用保护切除母线及开关柜内部故障以限制故障电弧的持续时间，从根本上限制故障电弧，消除其各种效应对设备和人员的危害。如果开关柜设备保护能在开关柜耐受燃弧时间以内切除故障的话，将最大限度地限制弧光故障对开关设备的损坏；从另一方面看，限制开关设备的损坏，即阻断故障发展的可能性，从而可避免主变压器长时间遭受短路电流的冲击而损坏。这也是目前迫切需要且最有效的限制弧光短路故障损坏开关设备及变压器的防护措施。

弧光保护是向大容量电气设备提供一种设备出现击穿放电和发生弧光放电的保护装置，它通过布置在开关柜内的传感器采集故障时弧光的信息量，结合电流的变化以及采集到弧光信号传感器的物理位置，对设备提供分区域带选择性的保护，其保护范围可以覆盖开关柜母线室、断路器室及电缆室。

只要当电气设备有弧光出现，都可采用弧光保护。目前，弧光保护主要用于中压低压供电系统中，作为母线或开关柜内部故障的主保护，比较成熟的应用主要有开关柜内中低压母线保护、馈线开关柜弧光保护、箱式变电站弧光保护和变流设备弧光保护。

弧光保护装置的安装施工必须按照实际工程配置图合理规划，综合考虑安装、调试和维护的合理性和便捷性。

2.2 弧光保护装置的选择

2.2.1 电源参数选择

弧光保护装置采用直流电源供电，若无直流电源供电而采用交流电源供电时；安装不间断电源设备，避免变电站或配电所近距离短路故障时交流电源中断或跌落较多，影响弧光保护装置正常工作。

2.2.2 弧光保护装置选择

2.2.2.1 弧光保护装置配置原则

弧光保护装置建议按照被保护对象进行配置：

（1）如果用于保护母线，建议根据母线分段情况合理配置主机（主单元）、满足母线弧光监视点要求的若干台从机（扩展单元，按需求选配），以及分散布置的弧光传感器，具体配置情况见附录 A。

（2）如果用于保护馈线，建议每段馈线至少配置一组弧光保护功能模块，具体参考附录 A。

2.2.2.2 弧光传感器的选择

弧光传感器主要分为两种类型：点状弧光传感器和带状弧光传感器。

（1）对于交界面清楚、形成弧光的部位明确时，建议采用点状（凸形结构）弧光传感器，例如开关柜的母线室、断路器室触头或电缆室电缆接头部位。

（2）对于结构复杂，空间狭窄，遮挡较多，形成弧光部位不明确时，建议采用带状弧光传感器，例如抽屉式开关柜、整流柜等。

弧光传感器可通过扩展单元连接至弧光保护装置，或直接连弧光保护装置。所有感光器及连接部件应不影响主设备的绝缘性能，传感器应采用无源器件。

弧光传感器应考虑就近原则按保护区域配置，不同保护范围的弧光传感器建议接入不同的主单元或扩展单元。

扩展单元与主单元的通信应采用数字通信方式实现，并具备回路实时自检功能。

2.2.2.3 电流接入的选择

按保护范围内电源点就近接入原则，接入低压电源进线电流或馈线电流 P 级绕组。

2.3 施工前准备工作

在工程配置确定以后，根据工程需要到确定配电室开关柜的地理布局情况，并预先设计好装置安装配置图，以确定主单元、弧光扩展单元、电流扩展单元具体安装位置。主单元一般安装于主变压器中低压侧进线柜、开闭所站的进线柜或 TV 柜柜门上，采用面板开孔安装；弧光扩展单元宜安装在被监视的多个开关柜的位置居中的开关柜仪表室内，电流扩展单元宜就近电源点附近，可面板开孔安装，亦可壁挂式安装。

弧光保护装置确定了安装位置后，可以测量出弧光传感器至弧光采集接口之间的距离，确定模拟光纤或模拟线缆的需用长度，施工时可按此情况配置模拟光纤或模拟线缆并考虑一定的裕度。

施工之前需要确定电源点电流 TA 配置情况，装置应接入电源进线电流或馈线电流 P 级绕组，不允许取测量电流，以防止故障时因 TA 饱和导致保护拒动。

根据配电室高压柜布局图，在设计好安装布置图后，还应设计通信光缆或通信线缆通信拓扑图，然后根据光缆通信拓扑图编制施工辅材统计表，辅材一般包括固定探头支架用的螺丝、螺母、垫片、弹片、扎带、定位片、PVC 管材等。现场施工时必须携带施工及调试工具，主要是扳手、斜口钳、剥线钳、压接钳、切割钳、测试工具（闪光灯包括充电器及电池）等。

2.4 施工工艺要求

装置安装开孔需按图纸尺寸进行施工，装置安装后要牢固可靠。

弧光传感器（探头）的监测对象为母线、断路器、电缆接头，因此模拟光纤要从仪表室分别到母线室、断路器室及电缆室，弧光传感器的安装原则是使被监测对象完全在探头的监视之下，即探头的监视角度最大。

弧光传感器与采集单元采用模拟光纤连接时，光纤施工的注意事项如下：

（1）光纤避免在电缆沟或电缆桥架中敷设，不建议从开关柜现有的缝隙或螺丝孔穿过，如果通过缝隙或螺丝孔穿过，应做好孔的绝缘和保护工艺，避免屏体锐角对光纤造成损伤；

（2）光纤敷设应远离母线、断路器触头及电缆接头等高压设备；

（3）光纤敷设时必须考虑固定元件脱离时不能直接搭接至高压电气部分，防止光纤表面积尘产生爬电现象；

（4）传感器安装位置和角度应考虑环境污染影响，应避开传感器感光面前方的各种遮挡和直射光源；

（5）点状光纤传感器的光纤建议采用定位片或扎带固定，带状光纤传感器的光纤建

议采用定位片固定;

（6）压接弧光探头时必须使用专用弧光切割钳，模拟光纤切割口要光滑平整，避免因切割不平而造成光信号损耗;

（7）需对模拟光纤和通信挂牌标识，方便现场调试及故障排查;

（8）经过电缆沟的通信光纤需做好防护措施，建议从 PVC 管中穿过。

主单元、弧光扩展单元、电流扩展单元电源回路必须加装直流空气开关，空气开关选型可以参照《弧光保护工程施工材料清单》。装置配线时，交流电流回路连接导线截面应大于或等于 2.5mm^2，直流电源回路、跳闸回路和信号回路连接导线截面应大于或等于 1.5mm^2，引出开关柜的二次回路连接线应采用屏蔽电缆。每根配线的两端需要有套管号码标识，装置配线时，需用缠绕管及扎带将所有电缆捆扎整齐，电缆走向按照横平竖直原则。

保护出口跳闸回路需加装跳闸压板，压板的标签框需标注所跳开关名称及编号。弧光保护需借助于现场其他保护装置的操作回路实现弧光保护跳闸功能，需将弧光保护装置出口接入对应保护装置操作回路的"保护跳闸入"，根据工程配置需要提供备用出口，备自投等设备使用。

工程施工后需做出弧光探头名称编号和开关的对应表提供给用户，同时贴在主单元边，若有监控系统需将此表制作在监控画面上，方便用户迅速寻找到故障点。

2.5　弧光保护装置典型安装原则

弧光保护装置一般分为独立的弧光保护装置（以故障发生时弧光为主要判据的保护装置）和集成类保护装置（具有弧光保护功能的继电保护装置，如馈线保护装置）。独立的弧光保护装置一般作为母线故障的快速主保护，也可作为开关柜断路器室和电缆室本体故障时的快速主保护，一般由主单元、扩展单元和弧光传感器组成，扩展单元按照功能可分为弧光扩展单元、电流扩展单元和出口扩展单元。集成类保护装置中的弧光保护功能作为原有继电保护装置的功能补充，考虑到装置接入 TA 的安装位置，一般作为开关柜电缆室本体故障时的快速主保护，在部分应用场合也可作为开关柜断路器室本体故障时的快速主保护。

2.5.1　弧光保护装置的安装原则

弧光保护装置建议按照被保护对象的范围和性质进行配置。独立的弧光保护装置原理如图 2-1 所示。保护范围跨间隔，施工时作为一个保护系统综合考虑，弧光保护装置配置一般按照按母线段配置，即每段母线配置一台主单元、满足该段母线弧光监视点接入数量要求的若干台弧光扩展单元，满足该弧光保护功能要求的电流扩展单元和出口扩展单元，以及分散布置的弧光传感器。集成类保护装置（原理见图 2-2）一般只针对本间隔实现保护功能，电流采集和出口功能集成在原有继电保护装置，增加用于弧光保护功能的弧光传感器。在实际设计施工时，必须要根据工程实际情况（母线长度、开关柜内体积和结构，以及监视范围，方便检修等），对弧光保护装置进行灵活配置。

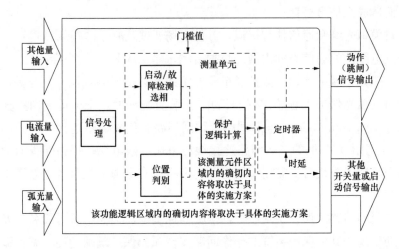

图 2-1　弧光保护装置原理框图

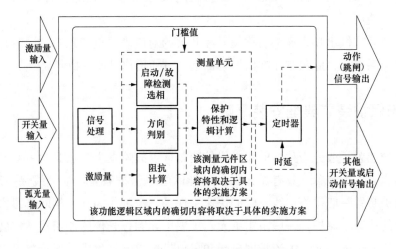

图 2-2　集成类保护装置原理框图

选用弧光保护装置技术参数，应以设备整体可靠性为基础，综合考虑技术参数的先进性、合理性和经济性，提出技术指标，同时考虑可能对系统安全运行、环保、运输和安装空间等方面的影响。

（1）若开关柜无母线保护或馈线保护时，可选用弧光保护装置，以便缩短故障时间，减小事故损失；

（2）若未采用内部电弧型（IAC 级）金属封闭开关设备和控制设备，考虑内部弧光故障产生的潜在危险，可选用弧光保护装置；

（3）若电弧故障电流和电弧故障持续时间超过 GB 3906—2006《3.6kV～40.5kV 交流金属封闭开关设备和控制设备》规定的额定电弧故障电流和额定电弧故障持续时间，宜选用弧光保护装置。

2.5.2　弧光保护装置主单元的安装原则

弧光保护装置主单元作为弧光保护系统的核心部件，负责输入量的采集、测量、计算及逻辑判断，实现系统的各项保护逻辑、与站内监控系统通信、自检及其他辅助功能。在施工安装时必须考虑与各个扩展单元及弧光传感器之间的联接。

弧光保护装置主单元可采用集中组屏安装和开关柜安装方式，考虑到主单元与各个扩展单元及弧光传感器的联接，推荐采用开关柜安装方式。

弧光保护装置主单元采用开关柜安装方式时，需考虑开关柜安装空间，与保护范围内电源进线回路的 TA 联接、保护跳闸回路联接，原则上采用就近安装方式，避免 TA 采集回路、跳闸回路联线过长，主单元一般安装于主变压器中低压侧进线柜、开关站的进线柜或 TV 柜柜门上，建议采用面板开孔安装。

弧光保护装置主单元也可采用组屏方式安装，一般弧光保护装置主单元会配置部分弧光传感器接口，考虑到弧光传感器采用模拟光信号或模拟电信号传输至采集接口，屏柜一般离弧光监测点距离较远，弧光传感器不建议直接接入主单元，应就近接入扩展单元，主单元与扩展单元采用通信方式联接，弧光信号通过通信方式传输至主单元。电流和出口回路可采用电缆联接至主控单元，也可采用电流扩展单元就近安装在主变中低压侧进线柜、开关站的进线柜或分段开关柜，就近采集电流信号，通过通信方式传输至主单元，一般电流采集点即弧光保护动作后需要跳闸的断路器，也可通过通信方式实现断路器的跳闸控制。

智能变电站建议采用通信方式实现弧光和电流信号采集及跳闸信号输出。

2.5.3　弧光保护装置扩展单元的安装原则

弧光保护装置的扩展单元按照功能可分为弧光扩展单元、电流扩展单元和出口扩展单元。

弧光扩展单元用于满足弧光保护范围内监测对象信号采集所需弧光传感器的系统扩容功能，弧光扩展单元接收弧光传感器采集的信息后，处理并负责通过通信方式转发到主控单元。一般采用弧光扩展单元有三种情况，第一，在如果主单元的弧光传感器接口不够用，可使用弧光扩展单元，用于扩展弧光保护传感器容量；第二，在一台主单元保护范围内的开关柜、母线桥等设备分布在开关配电室两侧或不同房间，建议与主单元安装位置处于不同区域的设备加装弧光扩展单元，弧光传感器先就近接入弧光扩展单元，弧光扩展单元通过通信光缆或线缆，将弧光采集信息传输至主单元，弧光传感器使用的模拟信号光缆或线缆不宜敷设在电缆沟中；第三，主单元采用集中组屏安装方式时，宜采用弧光扩展单元实现弧光传感器的就近接入和通信远传。

电流扩展单元采集保护范围内电源点电流信息，将就地采集的进线电源电流信息实时传送到主控单元，一般电流扩展单元同时具备跳闸出口功能，电流扩展单元能够接收主单元传送的控制命令，实现出口跳闸出口功能，可用于系统就地跳闸或就近跳闸。一般采用电流扩展单元有三种情况，第一，部分厂家弧光保护主单元中不具备电流信息采集功能，必须要配置电流扩展单元；第二，保护范围内的电源点数量较多，超过了主单元所能采集的电流路数，必须要配置电流扩展单元；第三，主单元与电源点 TA 安装处距离较远，考虑保护性能、施工和维护的因素，配置电流扩展单元，实现就地采集和控制。

出口扩展单元一般用于实现保护范围内电源点断路器跳闸功能，在主单元跳闸出口不足的情况下使用。

扩展单元与主单元的通信应采用数字通信方式实现，并具备回路实时自检功能。

扩展单元宜安装在被监视的多个开关柜的位置居中的开关柜仪表室内，可用面板开孔安装，亦可壁挂式安装。

2.5.4 弧光传感器的安装原则

弧光传感器感应电弧光信号，传输信号至采集单元。

弧光传感器主要分为两种类型：点状弧光传感器和带状弧光传感器。点状弧光传感器感应电弧光强度的传感器，在其安装点（末端）感光；带状弧光传感器感应电弧光强度的传感器，在整个长度范围内感光。根据不同的应用场合选用不同类型的弧光传感器。

（1）对于交界面清楚、形成弧光的部位明确时，建议采用点状弧光传感器。例如开关柜的相互隔离的母线室、断路器室触头或电缆室电缆接头部位。

（2）对于结构复杂，空间狭窄，遮挡较多，形成弧光部位不明确时，建议采用带状弧光传感器。例如抽屉式开关柜、整流柜等；开放式的母线室建议采用带状弧光传感器。

弧光传感器建议安装在容易产生电弧的位置，在开关柜有断路器的情况下，弧光传感器建议安装容易产生电弧的位置。例如在母线触头连接处、上或下隔离开关（2 处）触头处、电流互感器触头处、电缆接头处。开关柜无断路器的情况下，弧光传感器建议安装在母线触头连接处、上和下隔离开关触头处（1 处）、电缆接头处。封闭式母线桥架在桥架两端需要安装弧光传感器。若考虑实现开关柜的整体保护，可以在开关柜的断路器室和电缆室各安装 1 个弧光传感器。

弧光传感器安装时需保证足够的绝缘距离，同时又有足够的角度能检测到柜内弧光。弧光传感器感光器件及连接部件应不影响主设备的绝缘性能，传感器宜采用无源器件，避免弧光保护装置电源引入强电间隔。

弧光传感器在 KGN 柜中宜按照保护母线隔室、母线侧隔离刀闸室的原则进行安装，在各小室上侧水平中部，需保证足够的绝缘距离，同时又有足够的角度能检测到柜内弧光。

对于 35kV 开关柜，应在母线隔室、母线侧隔离刀闸室各安装一个弧光传感器，安装位置如图 2-3 所示。

对于 10kV 开关柜，若母线与母线侧隔离刀闸同在一室，则只安装一个弧光传感器，安装位置如图 2-4 所示，若母线与母线侧隔离刀闸不在同一室，则需分别安装。

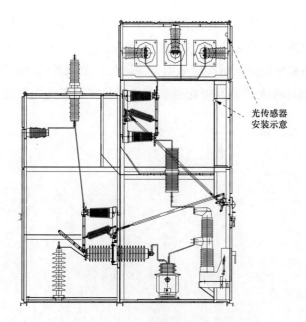

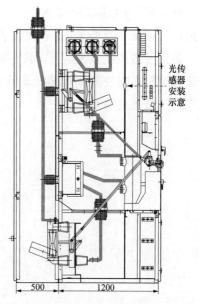

图 2-3　KGN-40.5 开关柜弧光传感器双监　　　　图 2-4　KGN-12 开关柜弧光传
视点安装位置示意图　　　　　　　　　　感器单监视点安装位置示意图

　　弧光传感器在 KYN 柜中宜仅在母线隔室进行安装，在上侧水平中部，既保证足够的绝缘距离，又有足够的角度能检测到柜内弧光，安装位置如图 2-5 所示。

　　若考虑保护开关的开关室和电缆室，可在开母线室、开关室、电缆室各安装 1 个弧光传感器，安装位置如图 2-6 所示。

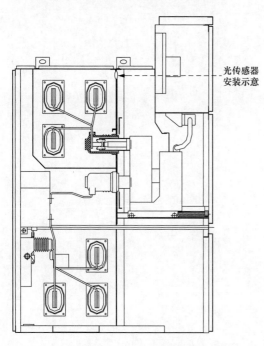

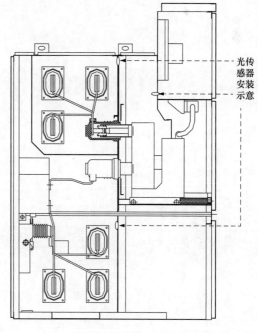

图 2-5　KYN-28 开关柜弧光传感器　　　　图 2-6　KYN-28 开关柜弧光传感器
单监视点安装位置示意图　　　　　　　三监视点安装位置示意图

　　母线 PT 柜或隔离柜安装一个电弧光传感器,在上侧中部安装,既保证足够的绝缘距离,又有足够的角度能检测到柜内弧光,安装位置类如图 2-4 所示。

　　弧光传感器应考虑就近安装原则和按保护区域配置原则,不同保护范围的弧光传感器建议接入不同的主单元或扩展单元。弧光传感器可通过扩展单元连接至弧光主单元,或直接连弧光主单元装置。

3

弧光保护装置的相关要求

3.1 弧光保护装置的原理和特点

3.1.1 弧光保护原理

弧光保护根据开关柜内部发生故障时产生电弧特点，结合故障时电源点电流突变判据构成弧光保护系统。装置采用主单元或电流单元接收电流信号，安装在各个开关柜内的弧光传感器采集故障时的电弧光信号，通过光纤或电缆传输至主单元或者弧光单元。当弧光保护装置检测到弧光信号时，若同时检测到过流信号，则判为产生了电弧故障，弧光保护装置通过输出继电器立即发出跳闸指令；当仅检测到弧光或者过电流一个信号时，则只输出报警信号并不输出跳闸指令。弧光保护装置通过测量非电量信号弧光和电量信号电流两个参数，采用光信号、故障电流信号双重判据，大大提高了保护的可靠性，保护动作快速可靠，系统配置简单，适应性强，是目前较理想的开关柜内部故障保护解决方案。考虑到变流设备直流部分的保护及部分特殊应用场合，弧光保护装置可选择只检测弧光信号单判据动作出口。弧光保护装置逻辑动作示意如图 3-1 所示。

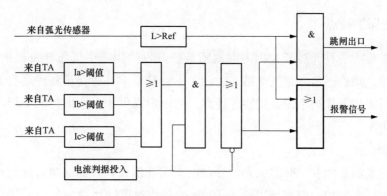

图 3-1 弧光保护逻辑示意图

弧光保护为开关柜内部故障的快速保护，当采用单弧光信号判据时保护动作出口时间不应超过 10ms，采用弧光信号、故障电流信号双重判据时保护动作出口时间不应超过 20ms，一般在 15ms 以内。

弧光信号为非电量信号，装置只是判断弧光信号的有无，当弧光信号产生时弧光保护装置一般能够立刻采集到该信号，装置光电转换、扩展单元的通信传输及保护逻辑判断的时间基本可以忽略，当采用单弧光信号判据时，保护动作出口时间一般是出口继电器的固有动作时间附加装置的逻辑判断时间。

电流判据是电量信号，并且保护设置过电流动作门槛定值，继电保护需要一定的数据窗才能够判断电流判据是否动作。常规继电保护装置一般采用全周傅里叶算法或者全周差分傅里叶算法计算电流幅值，需要采样的电流数据窗时间为一般是 20ms，采用半周差分傅里叶算法时需要的数据窗也为 10ms，满足不了弧光保护快速动作出口的需要。弧光保护中电流判据一般采取瞬时值算法，设置电流突变量动作元件，以保证保护动作的快速性，电流突变量动作元件一般具备浮动门槛，以消除一般性负荷变化对于动作元件的影响。一般弧光保护装置同时设置电流常量动作元件，作为突变量动作元件的补充，电流常量动作元件和电流突变量动作元件取或逻辑，共同作为弧光保护的电流判据。

弧光保护虽然一般由弧光判据和电流判据两个动作元件组成，但一般认为弧光判据为保护的主判据，电流判据为保护的制动元件，只是对于是否有故障电流进行定性判别，为辅助判据。电流判据在系统发生故障时真正起到快速动作效果的是电流突变量动作元件，电流常量动作元件只是作为补充，更多时候为了调试检修方便，考虑到电流突变量动作时间短，并且受暂态分量影响较大，可以适当降低弧光保护对于电流元件精度的要求，一般电流定值误差不超过 ±2% 即可认为满足要求，甚至电流定值误差不超过 ±5% 也不影响弧光保护的应用。

考虑到发生故障时弧光信号可能存在间歇不连续状况，弧光保护中弧光判据和电流判据在满足动作条件时均应瞬时动作，但在动作条件复归后建议设置延时返回元件，以保证保护动作的可靠性。

3.1.2　弧光保护特点

弧光保护作为一种针对开关柜内部故障特征开发的用于中低压开关柜的保护装置，具有原理简单、动作迅速，对变电站一次设备无特殊要求，适合于各种运行方式，且具有在各种运行方式下保护不需要切换等优点，为用户提供了一个理想的中低压开关柜内部故障保护方案。

（1）速动性。

弧光保护监测故障发生时的弧光信号及电流突变信号，判据简单，反应速度快，各个设备厂商的弧光保护一般都能以小于 10ms 的动作速度输出跳闸信号。弧光保护整体动作时间优于传统保护，这是弧光保护最大优点之一，考虑到断路器机构的动作时间，也能将开关柜内部弧光故障总切除时间控制在 100ms 以内，将最大限度地限制弧光故障对开关设备的损坏，保护设备和人身的安全。

（2）可靠性。

弧光保护动作判据为弧光和电流，检测光强和电流门槛可整定，根据实际运行情况进行配置，保护原理简单可靠，对一次设备无特殊要求，提高了装置动作的可靠性。

弧光传感器采用一般采用无源设计，所有单元之间均采用光纤连接，弧光信号通过光纤进入弧光采集单元，光电转换在采集单元内完成，能够应用在各种复杂的电磁环境中。

部分设备厂商弧光传感器具备滤光功能，对于电弧光光谱中特定波长的光信号敏感，有效过滤日常工作环境中的反射阳光、照明灯光、检修用手电光等各种光源，避免其他光源对弧光保护系统的干扰，提高了装置的可靠性。

（3）选择性。

基于弧光保护及高速通信技术实现保护选择性，根据弧光传感器的实际安装位置可以实现分区保护的功能，馈线中置柜的电缆室、开关室、母线室等不同位置发生电弧光时，系统可实现选择性跳闸，缩小停电范围。

（4）故障点定位功能。

弧光传感器可以安装在开关柜的任何位置，当弧光发生时，在主单元上显示故障发生的位置。此功能可以减少故障处理时间，快速恢复供电和生产秩序，减少不必要的损失和经济损失。

此外，对开关柜内间歇性弧光放电和自熄灭性的偶尔弧光放电，能在第一时间给出报警信号和告知故障的准确位置，起到预警设备运行状况和可能暴发恶性事故的警示作用，使检修人员能及时处理，在尽早消除设备隐患的同时，确保了设备的安全和可靠运行。这是其它保护装置所无法比拟的。

（5）适用性和扩展性。

弧光保护配置灵活，适应性强，通过交换弧光和过流动作信息并通过灵活编程，可对各段母线提供选择性保护，可适用于不同类型的接线和各种运行方式，且在各种运行方式下保护不需要进行切换。

当用于专门母线保护时，比常规母线保护接线简单，原理简单，因而更加可靠。并且对电流互感器特性要求不高，投资小，维护方便。

当用于馈线保护时，无需定值计算、整定、调试等诸多的麻烦。但最关键的是无需考虑上下级的配合问题，使继电保护的整定计算趋于简单化，大大减少了工作量。同时，因弧光保护的快速性，时限极差 Δt 可大为缩短，使系统的选择性、灵敏性得以提高。

性价比高、二次回路大为简化、安装方便，既可用于新设备，也可应用于老设备改造。现场调试、维护简单。

3.2　弧光保护装置组成和逻辑

弧光保护装置原理简单，但是相对于传统继电保护有一定的特殊性，应在了解弧光装置的特性基础上有针对性的进行安装、调试和维护工作。

3.2.1　弧光保护装置原理

弧光保护装置主要由主单元、弧光扩展单元、电流扩展单元和出口扩展单元、弧光传感器、数据线和光纤等组成，不同的设备厂商有不同的设计方案，各个部分作为为弧光保护系统的功能模块应作为一个整体对待。弧光保护装置原理示意如图 3-2 所示。

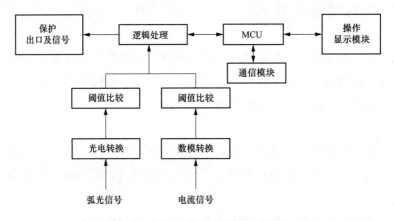

图 3-2　弧光保护装置原理示意图

弧光保护装置由于配置模块化设计，适合于各种不同场合的电弧光保护应用，可组成从只有一个主单元的简单系统，到包含多个单元能用于选择性弧光保护的复杂系统。

设备厂商弧光保护系统联接方式不同，主要采用光纤、电缆星型连接或者电缆级联方式联接。采用星型联接时主单元和扩展单元之间采用点对点的通信光缆或者电缆连接。采用电缆级联方式联接时主单元、弧光扩展单元、电流扩展单元和出口扩展单元均配置多个通信接口，通过装置间中继方式联接。

主单元：主单元是电弧光保护系统的核心部件，负责输入量的采集、测量、计算及逻辑判断，实现系统的各项保护逻辑、与站内监控系统通信、自检及其他辅助功能。主单元可以实现保护功能包括弧光保护和断路器失灵保护。主单元含有电流检测模块及弧光传感器接收模块，同时具备辅助单元扩展接口和保护动作后的跳闸出口。

电流单元：电流单元安装在进线电源开关柜中，可就地采集电源点电流信息，同时实现系统就近跳闸。电流单元和主单元通过光缆或电缆实现高速通信，电流负责将就地采集的进线电源电流信息实时传送到主单元，如果电流单元包含控制部分，主单元传送控制命令到电流单元，包括开关传动命令、出口跳闸命令等。

弧光单元：如果主单元的传感器接口不够用，可使用弧光单元，弧光单元可直接接入主控单元或接入弧光扩展器，不同厂家弧光单元传感器接口容量不一样，一般为 8～16 个传感器接口。使用弧光单元可以方便施工，因为弧光单元可以安装在需要保护的位置附近，从弧光单元到主单元或弧光扩展器，仅需一对普通单模通信光缆即可。当一些检测点距离主控单元超过 50m 时，使用通信光缆联接弧光单元可以方便地扩展系统。当系统发生弧光故障时，弧光单元收集来自弧光传感器的动作信息并传送给主单元，在主控单元上显示弧光单元和弧光传感器的地址编号，有利于及时检修和排除故障。

出口扩展单元：出口扩展单元可以实现系统跳闸出口容量的扩展。

弧光传感器：弧光传感器作为光感应元件，检测发生弧光故障时弧光信号，并将光信号通过传输至采集器，采集器完成光电转化后，送至主单元进行逻辑判断，弧光传感器至采集器一般采用塑料光纤传输弧光信号，电弧光的光电转换在采集器内完成，也有部分设备厂商采用电缆传输弧光信号，光电转换在弧光传感器内完成。弧光传感器主要分为点状弧光传感器和带状弧光传感器两类。

点状弧光传感器在其安装点（末端）感光，主要应用于开关柜母线室、开关室和电缆室，可以实现故障定位功能，施工便捷，系统扩展方便，缺点为传感器自检比较困难。

带状弧光传感器在传感器整个长度范围内感光，主要应用于空间狭小并且遮挡较多的应用场合，采用一根光纤传感器布置在所有需要检测的场合，整根光纤均能检测弧光信号，优点为布置方便，且可以实现自检，缺点为无法实现故障定位，光纤传感器长度受限，在开关柜较多时不方便实现系统扩展，施工比较麻烦。

3.2.2　弧光保护装置配置与动作逻辑

弧光保护装置一般采用模块化设计，适合于各种不同的应用场合，可组成一个主单元的简单系统，或包含多个单元的复杂系统。在应用时一般有两种方案，一种为纯粹的母线保护解决方案，另一种为开关柜内部故障的全面解决方案。以下为母线保护方案。

110kV 电压等级的母线，视其重要程度和复杂程度，有些装设专门的母线差动保护，有的则不装。35kV 及以下电压等级的母线由于没有稳定问题，一般未装设母线差动保护，而是通过上级变压器后备过流切除母线故障，其典型动作时间大于 1s，部分地区通过馈线速断闭锁的变压器后备过流切除母线故障，其典型动作时间 300~500ms。目前国内 35kV 及以下电压等级的母线故障切除时间过长，不能起到有效保护作用。

中低压母线的故障，虽不会像高压或超高压系统母线故障那样造成系统失稳、大面积停电等极其严重的灾难后果，但其危害也是很大的。在采用户内开关柜式配电装置的情况下，电弧还可能将开关柜内的器件点燃，引起火灾，大面积烧毁配电设备，甚至破坏站内直流系统，造成更为严重的后果。近年来由于各种原因开关设备被严重烧毁，有的甚至发展成"火烧连营"的事故时有发生，而主变压器由于遭受外部短路电流冲击损坏的事故也逐年增加，这些配网事故处理不当甚至被扩大发展为输电网事故，造成重大的经济损失，已引起电力部门的广泛关注。如果装有快速保护，故障发生后保护立即动作，在电弧燃起之前就已将故障切除，则故障可以快速消除，供电可以迅速恢复，损失可大大降低。为了保证变压器及母线开关设备的安全运行，根据继电保护快速性的要求，迫切需要配置专用中低压母线保护。

母线差动保护和电弧光保护都是母线保护的成熟解决方案，都可作为母线故障的主保护，实现母线故障的快速隔离和切除，但在应用时有所不同：

（1）对于母线间隔数量过多的应用场合，母线差动保护由于接入间隔数量的限制可能有不适用的情况，这种现象在企业用户变电站比较明显，电弧光保护一般无此限制；

（2）母线差动保护施工时需要跨间隔将所有保护间隔的 TA 电流线引至保护单元，增加回路的复杂性和施工难度，电弧光保护只需要接入电源点 TA 电流回路，每个保护间隔安装一个弧光传感器，相对施工难度较低，并且降低了 TA 开路可能带来的设备损坏的概率；

（3）母线差动保护一般需要配置抗饱和性能较好的差动保护专用互感器，在原有开关柜上增加互感器施工难度一般较大，若不用专用互感器可能对母线差动保护性能有影响，母线差动保护范围受 CT 安装位置的限制，对于开关柜内部故障可能存在保护范围不全的情况；

（4）考虑到线缆、互感器及施工的因素，母线差动保护总体造价一般高于电弧光保护。

弧光保护可以作为 35kV 及以下电压等级的母线的主保护应用，填补了保护配置的缺陷。2016 年度关于电弧光保护应用的 GB/T 14598.302—2016《弧光保护装置技术要求》和 NB/T 42076—2016《弧光保护装置选用导则》、DL/T 1504—2016《弧光保护装置通用技术条件》相继颁布，对电弧光保护的应用起到了促进作用。

弧光保护装置一般用于中低压空气绝缘开关柜，可作为母线的快速保护。也可作为开关柜内短路故障的保护，如开关柜的开关室和电缆室。弧光保护装置建议按母线段配置，即每段母线配置一台主机（主单元）、满足该段母线弧光监视点接入数量要求的若干台从机（扩展单元），以及分散布置的弧光传感器。

下述各应用示例为建议配置，非强制。根据工程实际情况（母线长度、开关柜内体积和结构，以及监视范围，方便检修等），建议对弧光保护装置进行灵活配置。

弧光保护装置应采用合理逻辑实现分区域选择性跳闸，但在动作的过程中，需要考虑死区保护，如若变压器 TA 安装在断路器上方时，需要考虑 TA 与断路器之间发生故障时的死区保护，母联开关处于合位时，需要考虑故障发生在母联开关与母联开关 TA 之间时的死区保护。

40.5kV 以下配电柜或整流柜一次接线主要包括单母不分段、单母分段、三进线、单母分段，两台配合使用等四种情况，方式五主要介绍不同类型弧光传感器的配置情况，方式六主要介绍"集成保护装置"的母线保护装置配置，方式七主要介绍"集成保护装置"的馈线及母线弧光保护装置配置，本附录给出跳闸出口的多种选项，实际选用时根据保护装置的设计，灵活选用合适的跳闸出口，下面分别介绍弧光保护装置的典型应用。

方式一：单母不分段。

该主接线方式如图 3-3 所示，单母线并且不分段，进线 1 为工作进线，进线 2 为备用进线。弧光保护装置既作为本段母线的弧光保护，同时也可作为进线 1 的线路保护。

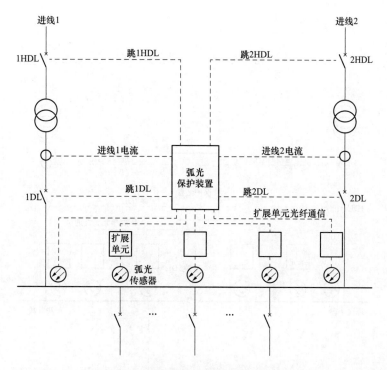

图 3-3 单母不分段时保护装置配置

弧光保护装置的电流元件需要同时接入进线 1 的三相电流和进线 2 的三相电流；进线 1 的弧光传感器通过光纤直接接入弧光保护装置；母线的各条出线以及进线 2 的弧光传感器通过扩展单元采集转换后发送弧光保护装置；为了区分当前母线供电方式，因此还需要接入 1DL 和 2DL 的开关跳位。弧光保护装置在电弧光动作条件满足后，可跳进线 1 和进线 2 的高低压侧开关。

建议的保护逻辑如下：正常工作时，进线 1 开关闭合，进线 2 开关断开，装置检测进线 1 电流，如果有弧光保护动作，则跳开进线 1 开关；如进线 1 故障切换至进线 2 后，进线 1 开关断开，进线 2 开关闭合，装置取进线 2 电流，如果弧光保护动作，则跳开进线 2 开关。

方式二：单母分段。

单母线分段主接线方式如图 3-4 所示，相比主接线"方式一"，弧光保护装置还需要接入分段开关 3DL 的跳位，以及通过"跳分段开关"出口跳开 3DL，其他输入输出需求同"方式一"。

在母线分段主接线方式下，母线有三种供电方式，即：分段开关 3DL 合，母线Ⅰ段和母线Ⅱ段均由进线 1 供电；分段开关 3DL 合，母线Ⅰ段和母线Ⅱ段均由进线 2 供电；分段开关 3DL 分，母线Ⅰ段由进线 1 供电，母线Ⅱ段由进线 2 供电。

弧光保护需要同时考虑以上三种供电方式，建议的保护逻辑如下：母线Ⅰ段检测到弧光，进线 1 过流或进线 2 过流且分段开关非跳位，则跳开进线 1 和分段开关；母线Ⅱ段检测到弧光，进线 2 过流或进线 1 过流且分段开关非跳位，则跳开进线 2 和分段开关。

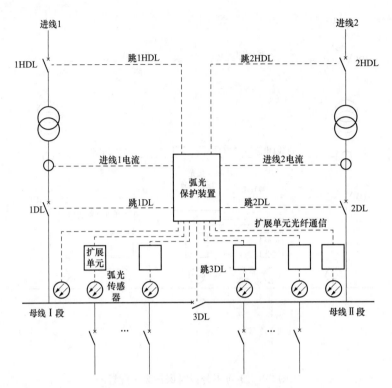

图 3-4　单母分段时保护装置配置

方式三：三进线。

该主接线方式如图 3-5 所示，1 号和 2 号两台弧光保护装置为对等配置，1 号装置作为保护母线 Ⅰ 段和母线 Ⅱ 段的弧光保护，同时也是进线 1 的线路保护；2 号装置作为保护母线 Ⅲ 段和母线 Ⅱ 段的弧光保护，同时也是进线 3 的线路保护。

如图 3-5 所示，母线 Ⅰ 段的弧光信号全部接入 1 号装置，母线 Ⅲ 段的弧光信号全部接入 2 号装置，母线 Ⅱ 段上的弧光信号可接入 1 号也可接入 2 号装置；1 号装置需要进线 1 和进线 2 的三相电流，2 号装置需要进线 2 和进线 3 的三相电流；1 号装置可控制进线 1 开关 1DL/1HDL、进线 2 开关 2QF/2HQF 以及分段开关 3DL，2 号装置可控制进线 3 开关 4DL/4HDL、进线 2 开关 2QF/2HQF 以及分段开关 5DL；1 号装置需要接入 1DL、2DL 和 3DL 的跳位接点，2 号装置需要接入 4DL、2DL 和 5DL 的跳位接点。

1 号和 2 号装置通过光纤连接进行通讯数据交互，数据交互的内容包括：本侧进线 1 过流判别结果、本侧母线 Ⅰ 段弧光信号、本侧母线 Ⅱ 段弧光信号以及本侧进线 1 和分段开关跳位。

以 1 号装置为例，建议的保护逻辑如下：如母线 Ⅰ 段检测到弧光，进线 1 过流或进线 2 过流且 3DL 非跳位或进线 3（对侧 2 号进线 1）过流且 3DL 非跳位 5DL 非跳位，则弧光保护动作，跳进线 1 开关和 3DL；母线 Ⅱ 段（本侧 1 号母线 Ⅱ 段和对侧 2 号母线 Ⅱ 段）检测到弧光，进线 2 过流或进线 1 过流且 3DL 非跳位或进线 3（对侧 2 号进线 1）过流且 5DL 非跳位，则弧光保护动作，跳进线 2 开关和 3DL（5DL 由 2 号负责跳开）。

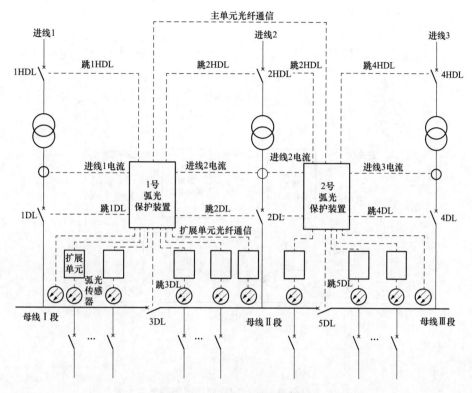

图 3-5 三进线时保护装置配置

方式四：单母分段，两台配合使用。

该方式主要用于两段母线出线较多，需要安装的弧光传感器较多时，一台弧光保护装置不足以全部接入的情况，可使用两台弧光保护装置配合使用，共同完成本条母线的弧光保护。

如图 3-6 所示，1 号装置完成母线 I 段的弧光保护以及作为进线 1 的线路保护，2 号装置完成母线 II 段的弧光保护以及作为进线 2 的线路保护。母线 I 段上的弧光传感器接入 1 号装置，母线 II 段上的弧光传感器接入 2 号装置；1 号装置需要进线 1 三相电流，2 号装置需要进线 2 的三相电流；1 号装置可控制进线 1 开关 1DL/1HDL 和分段开关 3DL，2 号装置可控制进线 2 开关 2QF/2HQF 和分段开关 3DL；1 号装置需要接入 1DL 和 3DL 的跳位接点，2 号装置需要接入 2DL 和 3DL 的跳位接点。

1 号和 2 号装置通过串口光纤连接进行通信数据交互，数据交互的内容包括：本侧进线 1 过流判别结果、本侧母线采集的弧光信号，以及本侧进线 1 开关跳位。

此方式下的弧光保护逻辑基本同"方式二"情况，只是 1 号装置仅保护母线 I 段，2 号装置仅保护母线 II 段。1 号装置建议的保护逻辑如下：母线 I 段检测到弧光，进线 1 过流或进线 2 过流（2 号判别后通信送到 1 号）且分段开关 3DL 非跳位，则跳开进线 1 和分段开关。2 号装置逻辑同 1 号装置。

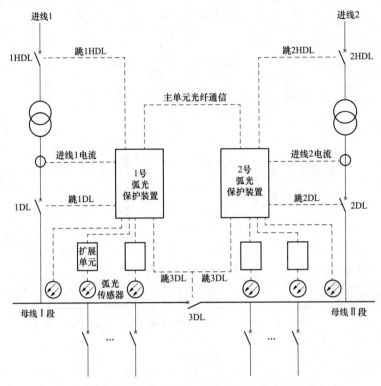

图 3-6　单母分段，两台配合使用时保护装置配置

方式五：单母分段时不同弧光传感器配置。

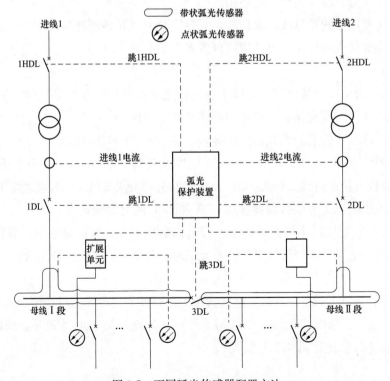

图 3-7　不同弧光传感器配置方法

　　本方式重点突出带状弧光传感器和点状弧光传感器的配置方法，以单母分段为例，带状弧光传感器监测两段母线弧光情况，点状弧光传感器监测两段母线各出线触头处弧光情况，逻辑判断方法与"方式二"类似。

　　方式六："集成保护装置"的母线保护装置配置。

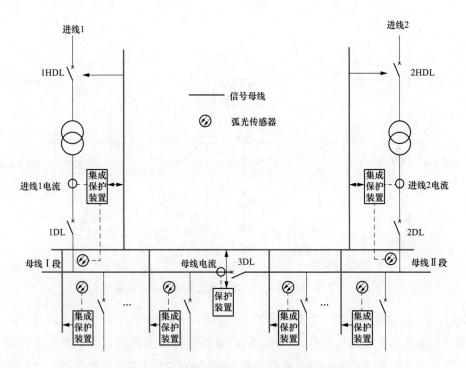

图 3-8 "集成保护装置"的母线保护装置配置

　　将Ⅰ段母线所有"集成保护装置"检测到弧光的快速开出信号连接到"母线Ⅰ段检测到弧光"信号母线上。该信号连接到 1DL、2DL "集成保护装置"的开入和母联 3DL 的保护装置的开入。将Ⅱ段母线所有"集成保护装置"检测到弧光的快速开出信号连接到"母线Ⅱ段检测到弧光"信号母线上。该信号连接到 1DL、2DL "集成保护装置"的开入和母联 3DL 的保护装置的开入。将 3DL 的位置信号通过信号母线送到 1DL 的"集成保护装置"；将 3DL 的位置信号通过信号母线送到 2DL 的"集成保护装置"。

　　建议的保护逻辑如下：1DL 的"集成保护装置"收到"母线Ⅰ段检测到弧光"信号且电流启动 3DL 分位，跳开 1DL，如故障未切除，延时跳 1HDL；1DL 的"集成保护装置"收到"母线Ⅱ段检测到弧光"信号且电流启动 3DL 合位，启动弧光延时保护，如延时时间到且 3DL 未跳开，跳开 1DL；3DL 的保护装置收到"母线Ⅰ段检测到弧光"信号或"母线Ⅱ段检测到弧光"信号且电流启动，跳开 3DL；2DL "集成保护装置"的逻辑和 1DL 装置相同。

　　方式七："集成保护装置"的馈线及母线弧光保护装置配置。

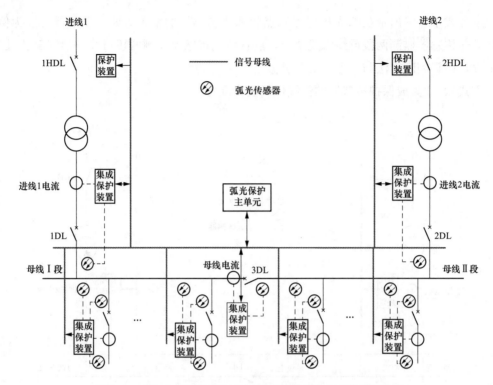

图 3-9 "集成保护装置"的馈线及母线弧光保护装置配置

馈线的"集成保护装置"含有 3 个弧光传感器,分别安装于母线触头连接处、上和下隔离开关触头处、电缆接头处。"集成保护装置"将检测到的弧光信号、电流信号通过网络发到弧光保护主单元。馈线电缆头弧光故障由馈线"集成保护装置"自行跳馈线断路器切除;1DL 和 2DL 分别装有"集成保护装置"用于检测进线母线处弧光和进线电流;所有"集成保护装置"将检测到的弧光信号、电流信号通过网络发到弧光保护主单元。

弧光保护主单元根据预先组态的单线图和接收到的弧光信号、各断路器位置信号、电流信号综合判断对应的跳闸逻辑,此方式下建议的弧光保护逻辑基本同"方式六"情况一致,通过网络将跳令发到相应保护装置。

弧光保护的配置方式各个厂商可能略有不同,但是一般都是按照弧光传感器和电流互相关联的方式形成区域性保护,实现弧光保护有选择性的切除故障。

3.3 弧光保护装置的功能和技术要求

3.3.1 外观和结构要求

(1)装置表面涂覆层均匀、牢靠,不溃裂,无毛刺,文字及符号正确、清晰、牢固。

(2)装置的插件应插拔灵活,接触可靠,互换性好,按键可靠、灵活。

3.3.2　额定电气参数

（1）交流电源。

1）额定电压：220V，允许偏差−20％～＋20％。

2）频率：50Hz，允许偏差±1Hz。

3）波形：正弦波，波形畸变不大于5％。

（2）直流电源。

1）额定电压：220V、110V。

2）允许偏差：−20％～＋15％。

3）纹波系数：不大于5％。

（3）交流采样电流。

1）额定电流（以下用 I_n 表示）：1A或5A。

2）电流测量范围：$(0\sim20)I_n$。

（4）出口继电器。

1）机械寿命优于10000次。

2）电气寿命优于1000次。

3）断开容量限值：≥30W，时间常数 $L/R=40\mathrm{ms}$。

4）接通容量限值：≥1000W。

3.3.3　装置的主要功能

（1）装置应具有独立性、完整性。

（2）装置应具有自检功能，包括装置硬件故障、软件故障、电弧光传感器异常、装置失电等，应能给出告警或异常信号。

（3）装置应具有运行、跳闸、装置告警或异常等状态指示。

（4）装置应具有显示时间、定值、配置、采集量、动作信息等信息及信息查询功能。

（5）装置应具有弧光保护功能。

（6）装置应具有事件记录功能，至少包括装置自检异常、电弧光传感器自检异常和出口动作事件。

（7）装置宜具有对时功能。

（8）装置宜具有弧光延时保护。

（9）装置宜具有弧光故障定位功能。

（10）装置宜具有录波功能，录波包括电流录波和弧光记录；电流录波记录保护故障前不少于2周波，故障后不少于10周波，每周波不少于16点的采样数据，录波不少于8条。

（11）装置宜具有通信接口，通信传输协议符合 DL/T 667《远动设备及系统　第5

部分：传输规约　第 103 篇：继电保护设备信息接口配套标准》、DL/T 860《电力自动化通信网络和系统》或 GB/T 19582.1—2008《基于 Modbus 协议的工业自动化网络规范　第1部分：Modbus 应用协议》的有关规定。

3.3.4　技术性能要求

3.3.4.1　装置的保护要求

（1）弧光单判据速断保护

弧光速断保护要求如下：

1）选择弧光启动单判据方式。

2）弧光动作门槛值范围：$(5\sim20)$klux 或 $(1\sim10)$mW/cm^2。

3）弧光动作门槛值误差：不超过 $\pm20\%$。

4）动作时间（2 倍弧光动作门槛值）：$\leqslant10$ms。

（2）弧光过流双判据保护

弧光过流保护要求如下：

1）选择弧光、电流启动双判据方式。

2）弧光动作门槛值范围：$(5\sim20)$klux 或 $(1\sim10)$mW/cm^2。

3）弧光门槛值误差：不超过 $\pm20\%$。

4）电流动作门槛值范围：$(0.6\sim6)I_n$。

5）电流动作门槛值误差：不超过 $\pm5\%$ 或 $\pm0.04I_n$（基波有效值）。

6）动作时间（2 倍弧光动作门槛值和 2 倍电流动作门槛值）：$\leqslant20$ms。

（3）弧光延时保护

弧光延时保护要求如下：

1）电流动作门槛值误差：不超过 $\pm2.5\%$ 或 $\pm0.02I_n$（基波有效值）。

2）延时动作门槛值范围：$(100\sim300)$ms。

3.3.4.2　对时精度

对时精度误差不大于 1ms。

3.3.4.3　电源变化影响

在正常条件下，当交直流工作电源在范围内变化时，装置应可靠工作。

3.3.4.4　过载能力

交流电流回路：2 倍额定电流可以持续工作，40 倍额定电流持续 1s。装置经受过载试验后，无绝缘损坏、液化、炭化或烧焦等现象。

3.3.4.5　功率消耗

交流电流回路：当额定电流为 5A 时，每相不大于 1.0VA；

当额定电流为 1A 时，每相不大于 0.5VA。

电源回路：不大于 20W（单装置）。

3.3.5 绝缘性能要求

3.3.5.1 绝缘电阻

用开路电压为直流 500V 的测试仪器测量装置各回路之间的绝缘电阻，应符合以下规定：所有导电电路与地（或与地有良好接触的金属框架）之间，以及无电气联系的各导电电路之间的绝缘电阻不应小于 100MΩ。

3.3.5.2 介质强度

装置的各导电电路对地（即外壳或外露的非带电金属零件）之间，以及无电气联系的各导电电路之间，应能承受有效值 2kV（额定绝缘电压大于 63V，包括直流输入回路—地、交流输入回路—地、信号输出触点—地、跳合闸出口—地、无电气联系的各回路之间）或有效值 500V（额定绝缘电压小于或等于 63V）的交流工频试验电压，历时 1min 的工频耐压试验而无击穿、闪络及元器件损坏现象。采用直流试验电压时，其试验电压值为规定交流试验电压值的 1.4 倍。

试验过程中，任意被试回路施加电压时，其他回路等电位互联接地。

3.3.5.3 冲击电压

装置各导电电路与地（或与地有良好接触的金属框架）之间，以及无电气联系的各导电电路之间，应能承受标准雷电波的短时冲击电压试验。当额定绝缘电压小于或等于 63V 时，开路试验电压为 1kV；当额定绝缘电压大于 63V 时，开路试验电压为 5kV。试验后，装置的性能应符合规定。

3.3.6 环境性能要求

3.3.6.1 环境变化影响

在正常工作大气条件下，当温度在范围内变化时，装置应可靠工作。

3.3.6.2 耐湿热性能

（1）在正常工作大气及温湿度条件下，装置应能承受交变湿热试验。

1）试验基础条件。

被试设备在试验箱内性能稳定后，将试验箱内的相对湿度体提高到不低于 95%。

试验期间试验样品连续激励并保持在工作状态，将任一影响量设定为基准条件。

2）试验温度条件。

低温周期：25℃±3K；

高温周期：规定用于户内的设备，40℃±2K；

规定用于户外的设备：55℃±2K；

试验周期，如图 3-10 所示的渐升和渐降。

3）试验湿度条件。

在较低温度时：90%：RH，误差为−2%～+3%：RH

在较高温度时：93%±3%：RH

试验周期，如图 3-10 所示的渐升和渐降。

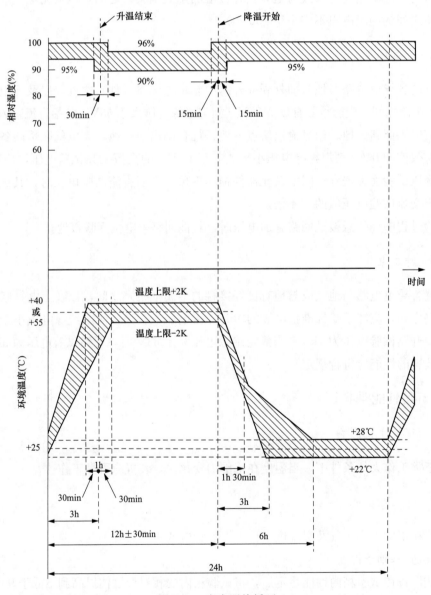

图 3-10   交变湿热循环

4）试验持续时间。

24h（12h+12h）循环，6 次。

（2）试验中间过程的检测。

试验样品保持连续激励。

（3）试验过程的恢复。

除另有规定外，恢复过程采用受控的恢复条件。在 1h 之内，将相对湿度降至 75%±2%，然后在另外的 1h 将温度调到实验室环境温度（实验室环境温度应在基准温度范围内），容差为 ±1K。

在基准温度条件下进行恢复，时间至少 1h 但不超过 2h，所有试验在这一时间结束前完成。

除另有规定，恢复期间，试验样品电源持续带电。

（4）最终检测。

试验后检测在恢复期结束后立即进行，对试验样品进行外观检查、绝缘电阻测量、介质强度试验及规定的其他试验项目的测试。除另有规定外，介质强度试验电压为规定值的 75%。

试验时，对湿度最敏感的参数要最先测量，如绝缘电阻、介质强度等项目。除另有规定外，所有参数的测量在 30min 内完成。

3.3.7 机械性能要求

3.3.7.1 振动响应能力

装置应能承受 GB/T 11287—2000《电气继电器 第 21 部分 第 1 篇：振动试验（正弦）》规定的严酷等级为 1 级的振动响应试验。试验期间及试验后，装置的性能应符合规定，结果判据如下：

（1）产品标准或技术条件应规定考核量度继电器所给定特性量动作值的上偏差值与下偏差值的大小，以及有或无继电器所给定激励量的大小。

（2）对于过量量度继电器及装置，当特性量给定为特性量动作值的下偏差（欠量量度继电器及装置为特性量动作值的上偏差，有或无继电器的激励量为零或整定值）时，继电器及装置不应动作，也不应改变它的既定状态。

（3）对于过量量度继电器及装置，当特性量给定为特性量动作值的上偏差（欠量量度继电器及装置为特性量动作值的下偏差，有或无继电器的激励量为额定值或规定值）时，继电器及装置应满足所规定的动作状态，即不应返回，也不应改变它既定的状态。

（4）如果被试产品的输出回路（如触点）改变正常状态不超过 2ms（对于有或无继电器，不超过 10μs），则判为无误动作。

（5）振动响应试验产生的变差应满足产品标准或技术条件的要求。

（6）试验过程中，不应引起产品的信号牌导致其他形式的机械指示信号改变既定的状态。

（7）试验后，产品应无紧固件松动，无机械损坏现象，并应符合有关标准要求，其整定值不应大于 0.5 倍规定准确度的变化。

3.3.7.2　振动耐久能力

装置应能承受 GB/T 11287—2000《电气继电器　第 21 部分 · 第 1 篇：振动试验（正弦）》规定的严酷等级为 1 级的振动耐久试验。试验后，不应发生紧固零件松动及机械损坏现象，结果判据如下：

（1）试验过程中，可能出产品信号牌或其他形式的机械指示信号改变正常状态，但不作为不合格判据。

（2）试验后，产品应无紧固件松动，无机械损坏现象，有关性能应满足产品标准或技术条件的要求。

3.3.7.3　冲击响应能力

装置应能承受 GB/T 14537—1993《量度继电器和保护装置的冲击与碰撞试验》规定的严酷等级为 1 级的冲击响应试验。试验期间及试验后，装置的性能应符合规定，结果判据如下：

（1）试验过程中，可能出产品信号牌或其他形式的机械指示信号改变正常状态，但不作为不合格判据。

（2）试验后，产品应无紧固件松动，无机械损坏现象，有关性能应满足产品标准或技术条件的要求。

3.3.7.4　冲击耐受能力

装置应能承受 GB/T 14537—1993《量度继电器和保护装置的冲击与碰撞试验》规定的严酷等级为 1 级的冲击耐受试验。试验后，不应发生紧固零件松动及机械损坏现象，结果判据如下：

（1）试验过程中，可能出产品信号牌或其他形式的机械指示信号改变正常状态，但不作为不合格判据。

（2）试验后，产品应无紧固件松动，无机械损坏现象，有关性能应满足产品标准或技术条件的要求。

3.3.7.5　碰撞能力

装置应能承受 GB/T 14537—1993《量度继电器和保护装置的冲击与碰撞试验》规定的严酷等级为 1 级的碰撞试验。试验后，不应发生紧固零件松动及机械损坏现象，结果判据如下：

（1）试验过程中，可能出产品信号牌或其他形式的机械指示信号改变正常状态，但不作为不合格判据。

（2）试验后，产品应无紧固件松动，无机械损坏现象，有关性能应满足产品标准或技术条件的要求。

3.3.8 电磁兼容要求

3.3.8.1 抗扰度要求

（1）静电放电抗扰度

静电放电抗扰度试验按 GB/T 14598.26—2015《量度继电器和保护装置 第 26 部分：电磁兼容要求》中 7.2.3 规定的方法进行。

试验中的测量和验证：

1）被试设备被激励和受静电放电时，在规定限值内应正常工作。

2）试验时应将等于额定值的辅助激励量施加到相应电路上。输入激励量的值应在过渡状态对应值的两倍给定误差之内。因为静电放电和故障极不可能同时发生，所以在过渡或动作状态下不考虑放电对被试设备的影响。

3）试验点的选择应是正常运行条件下操作者易于接近的部位，包括通信端口和去掉装置外壳才能接近的整定调整部分。不包括去掉外壳后还需要任何操作（如移动某个插件）才能整定调整的部位。

4）对仅为了修理和维护的目的才可接近的装置的任何点的放电，不在本部分的范围。在选择试验点时，应注意下述几点：

① 在正常运行中易于接触的旋钮、按钮、开关、通信接口等；

② 导电部分接近其内面的绝缘盖的部位；

③ 虽然不属于被试设备，但靠近具有绝缘盖的被试设备的导电部位。

试验部位为外壳端口（含电弧光传感器）。试验规格按 GB/T 14598.26—2015《量度继电器和保护装置 第 26 部分：电磁兼容要求》中 6.1 的要求进行。

（2）辐射电磁场抗扰度。

辐射电磁场抗扰度试验按 GB/T 14598.26—2015《量度继电器和保护装置 第 26 部分：电磁兼容要求》中 7.2.4 规定的方法进行。试验部位为外壳端口（含电弧光传感器）。试验规格按 GB/T 14598.26—2015《量度继电器和保护装置 第 26 部分：电磁兼容要求》中 6.1 的要求进行。

（3）电快速瞬变脉冲群抗扰度。

电快速瞬变脉冲群抗扰度试验按 GB/T 14598.26—2015《量度继电器和保护装置 第 26 部分：电磁兼容要求》中 7.2.5 规定的方法进行。

试验中的测量和验证：

1）被试设备被激励和受骚扰时，在规定限值内应正常工作。

2）试验应将等于额定值的辅助激励量施加到相应电路上。在静止状态或动作状态下考虑骚扰对继电器的影响。输入激励量的值应在过渡状态对应值的两倍给定误差之内。

3）试验电压应以共模方式逐次施加于每一个端口，每个极性至少 1min。

试验部位为辅助电源端口、通信端口、输入和输出端口、功能地端口。试验规格按 GB/T 14598.26—2015《量度继电器和保护装置　第 26 部分：电磁兼容要求》中 6.2、6.3、6.4、6.5 的要求进行。

（4）1MHz 及 100kHz 脉冲群抗扰度。

1MHz 及 100kHz 脉冲群抗扰度试验按 GB/T 14598.26—2015《量度继电器和保护装置　第 26 部分：电磁兼容要求》中 7.2.6 规定的方法进行。试验部位为辅助电源端口、通信端口、输入和输出端口。试验规格按 GB/T 14598.26—2015《量度继电器和保护装置　第 26 部分：电磁兼容要求》中 6.2、6.3、6.4 的要求进行。

（5）浪涌抗扰度。

浪涌（冲击）抗扰度试验按 GB/T 14598.26—2015《量度继电器和保护装置　第 26 部分：电磁兼容要求》中 7.2.7 规定的方法进行。

试验中的测量和验证：

1）被试设备被激励和受浪涌抗扰度时，在规定限值内应正常工作。

2）试验应将等于额定值的辅助激励量施加到相应电路上。

3）在暂态或动作状态下不考虑骚扰对继电器的影响。输入激励量的值应在过渡状态对应值的两倍给定误差之内。在选定的试验点上应至少进行 5 次正极性和 5 次负极性的浪涌。浪涌重复一次最长时间应为 1min。

4）由于被试设备可能具有非线性的电流—电压特性，所有从较低到最大的试验电压选择都应符合要求。

5）浪涌应施加在线对地和线对线之间合适的地方。当进行线对地试验时，试验电压应逐次施加到每一线路对地之间。

试验部位为辅助电源端口、通信端口、输入和输出端口。试验规格按 GB/T 14598.26—2015《量度继电器和保护装置　第 26 部分：电磁兼容要求》中 6.2、6.3、6.4 的要求进行。

（6）射频场感应的传导骚扰抗扰度。

射频场感应的传导骚扰抗扰度试验按 GB/T 14598.26—2015《量度继电器和保护装置　第 26 部分：电磁兼容要求》中 7.2.8 规定的方法进行。

试验中的测量和验证：

1）被试设备被激励和受传导抗扰度时，在规定限值内应正常工作。

2）试验应将额定辅助激励量施加到相应电路上。在过渡或动作状态下不考虑骚扰对继电器的影响。输入激励量的值应在过渡状态对应值的两倍给定误差之内。

试验部位为辅助电源端口、通信端口、输入和输出端口、功能地端口。试验规格按 GB/T 14598.26—2015《量度继电器和保护装置　第 26 部分：电磁兼容要求》中 6.2、6.3、6.4、6.5 的要求进行。

（7）工频抗扰度。

工频抗扰度试验按 GB/T 14598.26—2015《量度继电器和保护装置　第 26 部分：电磁兼容要求》中 7.2.9 规定的方法进行。

试验中的测量和验证：

1）试验时，施加于辅助直流电源端口的辅助激励量应为额定值。

2）试验电压应在直流开关量输入未被激励时施加，以验证其确实正确工作。如果直流开关量输入有一个软件或硬件可控的延时，宜首先将其整定至其最小值再施加试验电压。如果试验失败，宜增加延时值后再重新施加试验电压，直至试验通过。应将此最终直流开关量输入的延时值记录于试验报告中。

试验部位为输入端口。试验规格按 GB/T 14598.26—2015《量度继电器和保护装置　第 26 部分：电磁兼容要求》中 6.4 的要求进行。

（8）工频磁场抗扰度。

工频磁场抗扰度试验按 GB/T 14598.26—2015《量度继电器和保护装置　第 26 部分：电磁兼容要求》中 7.2.10 规定的方法进行。

试验中的测量和验证：

1）被试设备被激励和受磁场影响时，在规定限值内应正常工作。

2）试验应将额定值辅助激励量施加到相应电路上。在静止状态或动作状态下考虑骚扰对继电器的影响。输入激励量的值应在过渡状态对应值的两倍给定误差之内。

试验部位为外壳端口（含电弧光传感器）。试验规格按 GB/T 14598.26—2015《量度继电器和保护装置　第 26 部分：电磁兼容要求》中 6.1 的要求进行。

（9）电压暂降、短时中断和电压变化的抗扰度。

电压暂降、短时中断和电压变化的抗扰度试验按 GB/T 14598.26—2015《量度继电器和保护装置　第 26 部分：电磁兼容要求》中 7.2.11 规定的方法进行。

试验中的测量和验证：

1）本部分以被试设备的额定电压作为规定电压试验等级的基础。当被试设备有一个额定电压范围时，试验程序应在规定的电压范围内的最低电压下进行。示例：额定电压范围为（100～200V）±20% 的被试设备宜在 80V 时测试。

2）预期进行直流电源供电的被试设备，仅应进行相应的直流试验。预期进行交流电源供电的被试设备，仅应进行相应的交流试验。预期进行交直流电源供电的被试设备，应进行两种试验。

试验部位为辅助电源端口、输入和输出端口。试验规格按 GB/T 14598.26—2015《量度继电器和保护装置　第 26 部分：电磁兼容要求》中 6.2、6.4 的要求进行。

（10）脉冲磁场抗扰度。

脉冲磁场抗扰度试验按 GB/T 17626.9—2011《电磁兼容　试验和测量技术脉冲磁场抗扰度试验》第 8 章规定的方法进行，试验规格按 GB/T 17626.9—2011《电磁兼容　试验和测量技术脉冲磁场抗扰度试验》中第 5 章的要求进行。

（11）阻尼振荡磁场抗扰度。

阻尼振荡磁场抗扰度试验按 GB/T 17626.10—1998《电磁兼容　试验和测量技术　阻尼振荡磁场抗扰度试验》第 8 章规定的方法进行，试验规格按 GB/T 17626.10—1998《电磁兼容　试验和测量技术　阻尼振荡磁场抗扰度试验》中第 5 章的要求进行。

3.3.8.2　电磁发射试验

装置应符合 GB/T 14598.26—2015《量度继电器和保护装置　第 26 部分：电磁兼容要求》中 5.1 规定的传导发射限值和辐射发射限值。

量度继电器和保护装置为满足 A 级限值的设备。测量限值的标称距离为 3m、10m 或 30m。在间隔距离为 30m 情况下，应使用 20dB/10 倍的反比因子，将测量数据归一化到规定距离上以确定其符合性。

3.3.8.3　连续通电试验

装置在出厂前应进行时间为 100h（常温）或 72h（+40℃）的连续通电试验，应能可靠地工作，性能和参数符合标准的要求。

3.3.9　安全性能要求

3.3.9.1　外壳防护试验

外壳防护试验按 GB 14598.2—2011《量度继电器和保护装置　第 1 部分：通用要求》规定的方法进行。

IP（INTERNATIONAL PROTECTION）代码系统是由 IEC（INTERNATIONAL LECTROTECHNICAL COMMISSION）拟订，表明外壳对人接近危险部件、防止固体异物或水进入的防护等级以及与这些防护有关的附加信息的代码系统。

IP 代码第一位特征数字表示防止接近危险部件和防止固定异物进入的防护等级，其包括两层含义，一是指对人提供防护：设备外壳通过防止人体的一部分或人手持物体接近危险部件而受到触电、击伤等人体伤害，二是指对设备提供防护：设备外壳通过防止固体异物进入而使设备受到损害；第二位特征数字表示设备外壳防止由于进水而对设备造成有害影响的防护等级。数字越大表示其防护等级越高。

3.3.9.2　着火危险试验

着火危险试验按 GB/T 5169.16—2008《电工电子产品着火危险试验　第 16 部分：试验火焰 50W 水平与垂直火焰试验方法》规定的方法进行。

制造商可以根据材料的可燃性类别来选择绝缘材料，绝缘材料的验证试验可以在电器上、电器的部件上或在具有适当截面积的相同材料的试品上进行，当在电器上进行试验时，可采用灼热丝试验，当在材料上进行试验时，可根据所选择的可燃性分类法，可选择采用火焰试验（与可燃性类别无关），电热丝引燃试验和电弧引燃试验。用于电器上不同位置的绝缘材料，由于所要求的功能不同，其要求的技术指标也不尽相同。

3.3.9.3　安全标志检查

安全标志检查应符合 GB 14598.27—2008《量度继电器和保护装置　第 27 部分：产品安全要求》的规定。

4

弧光保护装置的试验方法

4.1 试验条件

除另有规定外，各项试验均在如下基准条件下进行：

(1) 环境温度：－10～＋55℃；

(2) 相对湿度：5％～95％（装置内部既不应凝露，也不应结冰）；

(3) 大气压力：86～106kPa。

同时被试装置和测试仪表应良好接地，并考虑周围环境电磁干扰对测试结果的影响，试验合格判据为：

(4) 零部件材料不应出现不可恢复的损伤；

(5) 装置主要性能应符合企业产品标准出厂检验项目的要求。

4.2 装置功能试验

4.2.1 外观和结构检查

按 GB/T 7261—2016《继电保护和安全自动装置基本试验方法》第 5 章规定的要求逐项，通过肉眼方式进行检查。

4.2.2 装置的主要功能试验

测试装置的主要功能，按 GB/T 7261—2016《继电保护和安全自动装置基本试验方法》第 19 章规定的方法进行。

4.2.3 弧光信息采样

调试最重要的一步是确保弧光保护装置每路光传感器都能有效进行光信号采集。以每次中断的实时采样值做差，差值大于增量定值时保护弧光保护元件的光判据满足。光传感器都安装完毕，且母线室密封情况下，光线比较好的室内，打开光传感器保护罩，接下来对每路光传感器进行采样测试。弧光模拟工具为模拟光源。在装有光传感器的开关柜母线室，将强光光源打到光强最强挡位，在探头可以监测到母线室最远的范围处，照射光传感器，根据现场实际情况不同，以及照射角度不同，若变量值在 3000～8000lux 范围内，即可认为正常。

4.2.4 弧光保护试验方法

按 4.2.3 步骤以及校核，确保每路光传感器都能正常工作。确保所有光传感器光采样正常情况下，便可带开关进行试验了。

（1）若系统母线运行方式为单母分段（见图 4-1），且仅配置一台弧光保护装置，按设定定值进行如下试验：

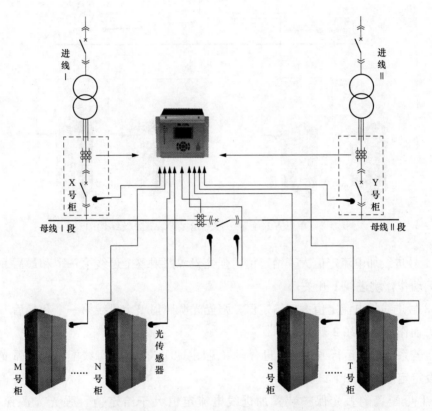

图 4-1 单母分段配置一台弧光保护装置系统结构图

1）1 号进线加电流定值大于给定值，强光光源照射Ⅰ母的第一个和最后一个开关柜，保护动作，跳进线 1 开关和母联开关；

2）1 号进线加电流定值大于给定值，强光光源照射Ⅱ母的第一个和最后一个开关柜，保护动作，跳母联开关；

3）2 号进线加电流定值大于给定值，强光光源照射Ⅰ母的第一个和最后一个开关柜，保护动作，跳母联开关；

4）2 号进线加电流定值大于给定值，强光光源照射Ⅱ母的第一个和最后一个开关柜，保护动作，跳进线 2 开关和母联开关。

（2）若系统母线运行方式为单母方式（见图 4-2），Ⅱ回进线，配置一台弧光保护装置，按设定定值进行如下试验：

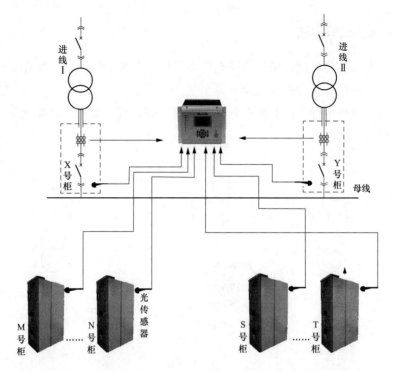

图 4-2　单母方式配置一台弧光保护装置系统结构图

1）1 号进线加电流定值大于给定值，强光光源照射整个母线第一个和最后一个开关柜，保护动作，跳进线 1 开关；

2）2 号进线加电流定值大于给定值，强光光源照射整个母线第一个和最后一个开关柜，保护动作，跳进线 2 开关。

（3）若系统母线运行方式为单母分段（见图 4-3），且每段母线配置一台弧光保护装置，按设定定值进行如下试验：

1）Ⅰ母配置的弧光保护装置加进线电流定值大于给定值，强光光源照射Ⅰ母的第一个和最后一个开关柜，Ⅰ母配置的弧光保护装置保护动作，跳Ⅰ母进线开关；

2）Ⅰ母配置的弧光保护装置加进线电流定值大于给定值，强光光源照射Ⅰ母的第一个和最后一个开关柜，Ⅰ母配置的弧光保护装置保护动作，跳母联开关；

3）Ⅱ母配置的弧光保护装置加进线电流定值大于给定值，强光光源照射Ⅱ母的第一个和最后一个开关柜，Ⅱ母配置的弧光保护装置保护动作，跳Ⅱ母进线开关；

4）Ⅱ母配置的弧光保护装置加进线电流定值大于给定值，强光光源照射Ⅱ母的第一个和最后一个开关柜，Ⅱ母配置的弧光保护装置保护动作，跳母联开关。

（4）级联情况只需在主机电流端子上加量即可（见图 4-4），光信号测试过程同单母分段方式。

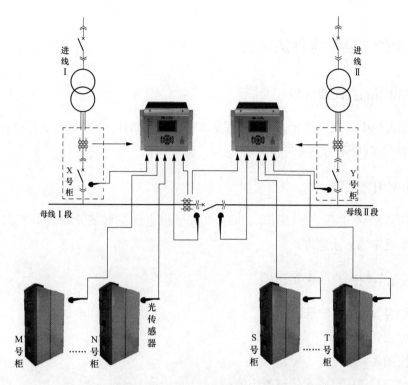

图 4-3　单母分段配置 2 台弧光保护装置系统结构图

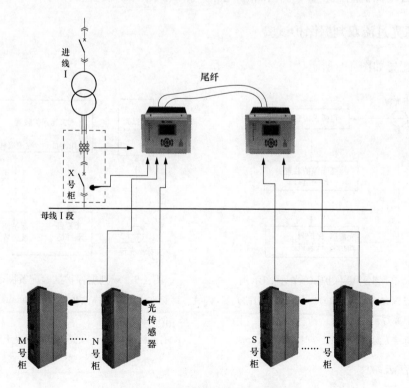

图 4-4　弧光装置级联系统配置图

4.3   装置的主要技术性能试验

4.3.1   继电器触点性能试验

测试装置继电器触点性能，按 GB/T 7261—2016《继电保护和安全自动装置基本试验方法》第 16 章规定的方法进行。

4.3.2   功率消耗试验

测试装置功率消耗，按 GB/T 7261—2016《继电保护和安全自动装置基本试验方法》第 8 章规定的方法进行。

4.3.3   弧光单判据速断保护试验

试验配置如图 4-5 所示。

测试方法：

（1）按图 4-5 连接；

（2）整定对应的电弧光传感器定值；

（3）启动保护测试装置，打开标准光源，测试弧光保护装置动作时间与可靠性。

4.3.4   弧光过流双判据保护试验

试验配置如图 4-6 所示。

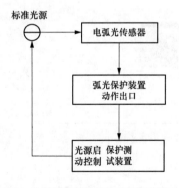

图 4-5   单判据速断保护试验配置图示例

注：1. 标准光源宜选择波长 200～700nm 之间的光源，
　　　例如弧光灯。

　　2. 打开标准光源后，光强建立时间小于 0.1ms。

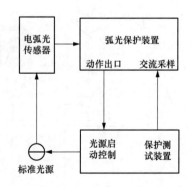

图 4-6   双判据保护试验配置图示例

注：1. 标准光源宜选择波长 200～700nm 之间的光源，
　　　例如弧光灯。

　　2. 打开标准光源后，光强建立时间小于 0.1ms。

测试方法：

（1）按图 4-6 连接；

（2）整定对应的弧光传感器定值；

（3）按过流保护测试要求整定对应的电流定值；

（4）启动保护测试装置，测试弧光保护装置动作时间与可靠性。

4.3.5 电弧光传感器测量精度试验

试验配置如图 4-7 所示。

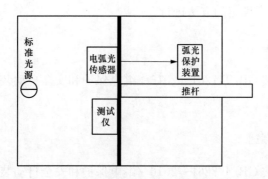

图 4-7 电弧光传感器测量精度试验配置图示例

注：1. 标准光源宜选择波长 200～700nm 之间的光源，例如弧光灯。

2. 打开标准光源后，光强建立时间小于 0.1ms。

3. 标准光源的光强与密封箱大小选择有直接关系，以电弧光传感器放入箱内，装置可
   靠不动作为宜。

4. 测试仪可采用弧光检测仪器，例如照度仪或光功率计。

5. 推杆可选择螺旋推进机构。

试验器材：密封箱、标准光源、测试仪、弧光保护装置。

试验步骤如下：

（1）在密封箱内安装标准光源、测试仪、弧光保护装置，将电弧光传感器连接在弧光保护装置上，其中电弧光传感器与测试仪在推杆移动方向对称布置。

（2）将弧光保护装置的保护配置设置为弧光单判据速断保护。

（3）打开标准光源。

（4）利用推杆移动电弧光传感器，观察弧光保护装置动作情况：当装置可靠动作时，从测试仪上读取动作值；移动推杆，当装置可靠不动作时，从测试仪上读取不动作值。

（5）重复上述步骤，记录每次的试验数据。

4.3.6 弧光延时保护试验

按 GB/T 7261—2016《继电保护和安全自动装置基本试验方法》规定的方法进行。

4.3.7 对时精度试验

按照 GB/T 26866—2011《电力系统的时间同步系统检测规范》第 4 章规定的方法进行。

4.3.8　电源变化影响试验

测试交流电源变化对性能的影响，按 GB/T 7261—2016《继电保护和安全自动装置基本试验方法》第 11 章规定的方法进行。

测试直流电源变化对性能的影响，按 GB/T 7261—2016《继电保护和安全自动装置基本试验方法》第 11 章规定的方法进行。

4.3.9　过载能力试验

测试过载能力，按 GB/T 7261—2016《继电保护和安全自动装置基本试验方法》中 15 章规定的方法进行。

4.3.10　绝缘性能检验

测试绝缘性能，按 GB/T 7261—2016《继电保护和安全自动装置基本试验方法》第 13 章规定的方法进行。

4.3.11　环境性能试验

（1）环境变化影响试验。测试环境变化影响，按 GB/T 7261—2016《继电保护和安全自动装置基本试验方法》中 10.3 规定的方法进行。

（2）耐湿热性能试验。测试耐湿热性能，按 GB/T 7261—2016《继电保护和安全自动装置基本试验方法》中 10.5 规定的方法进行。

4.3.12　机械性能试验

（1）振动响应试验。测试振动响应，按 GB/T 7261—2016《继电保护和安全自动装置基本试验方法》中 12.1 中规定的方法进行。

（2）振动耐久试验。测试振动耐久，按 GB/T 7261—2016《继电保护和安全自动装置基本试验方法》中 12.1 规定的方法进行。

（3）冲击响应试验。测试冲击响应，按 GB/T 7261—2016《继电保护和安全自动装置基本试验方法》中 12.2 规定的方法进行。

（4）冲击耐受试验。测试冲击耐受，按 GB/T 7261—2016《继电保护和安全自动装置基本试验方法》中 12.2 规定的方法进行。

（5）碰撞试验。测试碰撞，按 GB/T 7261—2016《继电保护和安全自动装置基本试验方法》中 12.2 规定的方法进行。

4.3.13　电磁兼容要求试验

（1）抗扰度要求试验。

试验时要求电弧光传感器与装置本地连接线的长度，选择实际安装时的最长距离，最短距离不低于 2m。

1）静电放电抗扰度试验。测试静电放电抗扰度，按 GB/T 14598.26—2015《量度继电器和保护装置　第 26 部分：电磁兼容要求》中 7.2.3 规定的方法进行。试验部位为外壳端口（含电弧光传感器）。试验规格按 GB/T 14598.26—2015《量度继电器和保护装置　第 26 部分：电磁兼容要求》中 6.1 的要求进行。

2）辐射电磁场抗扰度试验。测试辐射电磁场抗扰度，按 GB/T 14598.26—2015《量度继电器和保护装置　第 26 部分：电磁兼容要求》中 7.2.4 规定的方法进行。试验部位为外壳端口（含电弧光传感器）。试验规格按 GB/T 14598.26—2015《量度继电器和保护装置　第 26 部分：电磁兼容要求》中 6.1 的要求进行。

3）电快速瞬变脉冲群抗扰度试验。测试电快速瞬变脉冲群抗扰度，按 GB/T 14598.26—2015《量度继电器和保护装置　第 26 部分：电磁兼容要求》中 7.2.5 规定的方法进行。试验部位为辅助电源端口、通信端口、输入和输出端口、功能地端口。试验规格按 GB/T 14598.26—2015《量度继电器和保护装置　第 26 部分：电磁兼容要求》中 6.2、6.3、6.4、6.5 的要求进行。

4）1MHz 及 100kHz 脉冲群抗扰度试验。测试 1MHz 及 100kHz 脉冲群抗扰度，按 GB/T 14598.26—2015《量度继电器和保护装置　第 26 部分：电磁兼容要求》中 7.2.6 规定的方法进行。试验部位为辅助电源端口、通信端口、输入和输出端口。试验规格按 GB/T 14598.26—2015《量度继电器和保护装置　第 26 部分：电磁兼容要求》中 6.2、6.3、6.4 的要求进行。

5）浪涌抗扰度试验。测试浪涌抗扰度，按 GB/T 14598.26—2015《量度继电器和保护装置　第 26 部分：电磁兼容要求》中 7.2.7 规定的方法进行。试验部位为辅助电源端口、通信端口、输入和输出端口。试验规格按 GB/T 14598.26—2015《量度继电器和保护装置　第 26 部分：电磁兼容要求》中 6.2、6.3、6.4 的要求进行。

6）射频场感应的传导骚扰抗扰度试验。测试射频场感应的传导骚扰抗扰度，按 GB/T 14598.26—2015《量度继电器和保护装置　第 26 部分：电磁兼容要求》中 7.2.8 规定的方法进行。试验部位为辅助电源端口、通信端口、输入和输出端口、功能地端口。试验规格按 GB/T 14598.26—2015《量度继电器和保护装置　第 26 部分：电磁兼容要求》中 6.2、6.3、6.4、6.5 的要求进行。

7）工频抗扰度试验。测试工频抗扰度，按 GB/T 14598.26—2015《量度继电器和保护装置　第 26 部分：电磁兼容要求》中 7.2.9 规定的方法进行。试验部位为输入端口。试验规格按 GB/T 14598.26—2015《量度继电器和保护装置　第 26 部分：电磁兼容要求》中 6.4 的要求进行。

8）工频磁场抗扰度试验。测试工频磁场抗扰度，按 GB/T 14598.26—2015《量度继电器和保护装置　第 26 部分：电磁兼容要求》中 7.2.10 规定的方法进行。试验部位为外壳端口（含电弧光传感器）。试验规格按 GB/T 14598.26—2015《量度继电器和保护装置　第 26 部分：电磁兼容要求》中 6.1 的要求进行。

9) 电压暂降、短时中断和电压变化的抗扰度。测试电压暂降、短时中断和电压变化的抗扰度，按 GB/T 14598.26—2015《量度继电器和保护装置　第 26 部分：电磁兼容要求》中 7.2.11 规定的方法进行。试验部位为辅助电源端口、输入和输出端口。试验规格按 GB/T 14598.26—2015《量度继电器和保护装置　第 26 部分：电磁兼容要求》中 6.2、6.4 的要求进行。

10) 脉冲磁场抗扰度试验。测试脉冲磁场抗扰度，按 GB/T 17626.9—2011《电磁兼容　试验和测量技术脉冲磁场抗扰度试验》第 8 章的要求进行试验。

11) 阻尼振荡磁场抗扰度试验。测试阻尼振荡磁场抗扰度，按 GB/T 17626.10—1998《电磁兼容　试验和测量技术　阻尼振荡磁场抗扰度试验》第 8 章的要求进行试验。

(2) 电磁发射试验。

测试传导发射限值和辐射发射限值，按 GB/T 14598.26—2015《量度继电器和保护装置　第 26 部分：电磁兼容要求》中 5.1 规定的方法进行，满足相应的传导发射限值和辐射发射限值。

(3) 连续通电试验。

测试连续通电，装置完成调试后，出厂前应进行时间为 100h（常温）或 72h（+40℃）的连续通电检验。对被试装置连续通电 24h（+40℃），必要时可施加其他激励量进行功能检验。在试验过程中，装置应工作正常，信号指示正确，不应有元器件损坏或其他异常情况出现。

4.3.14　安全性能试验

1) 外壳防护试验。测试外壳防护，按 GB 14598.1—2011《量度继电器和保护装置第 1 部分：通用要求》规定的方法进行试验。

2) 着火危险试验。测试着火危险，按 GB/T 5169.16—2008《电工电子产品着火危险试验　第 16 部分：试验火焰 50W 水平与垂直火焰试验方法》规定的方法进行试验。

3) 安全标志检查。检查安全标志，按 GB 14598.27—2008《量度继电器和保护装置第 27 部分：产品安全要求》规定的方法进行试验。

5

弧光传感器

5.1 电弧光的光学特性

5.1.1 电弧光的发光特性

电弧光是电力系统、电器设备等电力设备发生短路或间隙高压放电时所产生的发热发光现象。

随着电力设备的迅速发展，各种依靠电能提供能源的设备不断出现并时刻更新着。然而在用电设备达到一定规模时，供电方便也日益面临着挑战，高效、可靠的供电，简单的供电设施给供电方面提出了更高的要求，同时，安全性因素也逐渐被提升到一个新的高度，被广大的电能用户和操作人员所重视。

电弧光的发生有着其内在的机制，即，一方面当电路发生短路时，由于电路上的电流增加的极为迅速，而电路系统为了留有足够的扩容余量，致使电路不能及时的切断而引起电弧光；另一方面是距离很近的电极因为加在其上的电压过大而导致周围空间中粒子的电离，从而产生的强有力的发光现象。根据实践总结和实验研究总结出的电弧光释放的能量与持续时间的关系，如图 5-1 所示。

从图中可以看出，从电弧光发生开始，经过 100ms 的时间即可引起电缆的燃烧，经过 200ms 的时间就足以使钢材燃烧，可见电弧光的能量变化之快。这种变化的能量及速度如果发生在输电的线路、电厂或开关柜等设备上，其破坏性可想而知，同时，如果检修人员正在常规检查时突然发生电弧光，那么，不仅设备会被损坏，也会给检修人员带来生命危

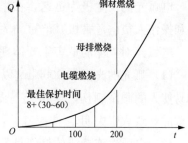

图 5-1 电弧光能量变化

险。因此，要从根本上避免电弧光的发生。图 5-1 还有一个很好的建议，就是在电弧发生的前期加以保护，切断电能供应，即可很大程度的保护设备和人员。

5.1.2 电弧光的发生原因

为了实现有效的避免电弧光的发生，以保护人员和设备的安全，需要从实际运行与实践中总结发生电弧光的原因。目前，根据各地电能供应与使用中发生的电弧光现象总结出的原因有以下几个方面：

（1）带电导体间的电弧性短路起火：这其中有两种可能，其一是两导体（如相线与

中性线）接触时因短路电流产生的高温，使接触点金属熔化，之后金属熔化成团收缩而脱离接触的过程，在这种情况下易发生电弧。其二是线路绝缘水平严重下降，雷电产生的瞬态过电压或电网故障产生的暂态过电压都可能击穿劣化的线路绝缘而建立电弧。电弧性短路的起火危险远大于上述金属性短路的起火危险。

（2）接地故障电弧起火：由于接地故障发生的几率远大于带电导体间的短路，所以接地故障电弧引起的火灾远多于带电导体间的电弧火灾。这是因为在电气线路施工中，穿钢管拉电线时带电导体与绝缘外皮之间并无因相对运动而产生的摩擦，但带电导体绝缘外皮与钢管间的摩擦却使绝缘层磨薄或受损。另外，发生雷击时地面上出现瞬变电磁场，它对电气线路将感应瞬态过电压，此时芯线上感应的瞬态过电压是基本相同的，而电缆梯架则因接地而为地电压，所以，芯线对地的电位差较大。从磨损和电位差大两方面分析，接地故障电弧起火率自然偏高。

（3）间隙间高压致使空气中粒子电离起火：这种现象多见于高压设备上，由于设备的电压过高，当两者的金属导体部分靠的很近时，两导体间的高压致使电场强度过大，从而使空气中的粒子电离，电离出的粒子由于定向移动，产生很大的隔空电流，进而产生起火现象。

（4）爬电起火：爬电是指电弧不是建立在空气间隙中的电弧，而是出现在设备绝缘表面上的电弧。例如电源插头的绝缘表面上的一个或多个相线插脚和 PE 线插脚，它们之间的绝缘表面可能发生爬电。

5.1.3　电弧光的危害

电弧光的发生极为迅速，在很短的时间内就能引起强大的光、热、压等能量，对设备和操作人员的危害极其严重。

电弧光对人体的危害主要体现在以下几个方面：

（1）弧光的光强在 9000lux 以上，而人眼能感受的最大光强约 300lux，因此弧光很容易使人的眼睛刺伤，使角膜上皮脱落，出现怕光、流泪、异物感、结膜充血等症状，严重的导致人眼失明；

（2）电弧爆炸造成的烧伤是最严重的伤害，主要来自于电弧爆炸时散发出大量的热能辐射和飞溅的熔化金属；

（3）电弧爆炸时产生的巨响伤害人的听觉，产生的爆炸弹力伤害人体，热能和火焰对人体具有致命的伤害；

（4）电弧周围的空气在弧光强烈辐射作用下，还会产生臭氧、氮氧化物等有毒气体伤害呼吸系统。

电弧光对设备的危害主要体现在以下几个方面：

（1）开关柜被严重烧毁；

（2）开关柜的弧光短路故障发展为母线故障，造成发电厂厂用电瓦解、重要用户停电，更严重的导致多组开关柜同时烧毁的恶性事故等；

（3）由于母线故障的短路电流冲击引起主变压器损坏；

（4）电弧光不仅能引起绝缘物质燃烧，而且可以引起金属（铜排、铝排）熔化、飞溅，构成火灾、火源等危害。

5.1.4 电弧光的检测方法

上述几种导致电弧起火的现象是现实中不可避免的。但为了安全的传输与应用电能，保护措施是必不可少的。及早的探知出电弧光是采取保护的最有效途径，如何有效地、可靠地探知出电弧光并将其扑灭于雏形呢？

目前用于检测电弧光的方法有很多种，概括起来主要有以下几种。

（1）电压检测法。

故障电弧发生时，会引起电路中电压和电流发生变化。故障电弧的电流波形大致为正弦波形，而电弧电压波形较为复杂，电弧电压在零区存在显著特征：电弧零区的时间间隔非常小，电弧电压变化率较大，在电流过零时最大，这一特征可用于电弧电压波形的识别。电压检测法的原理如图 5-2 所示。

首先经电压传感器将含有电弧信息的线路电压进行检测，经调理电路Ⅰ对信号进行调理，调理电路Ⅰ包括变换、放大、滤波等环节。经调理电路Ⅰ对电压信号处理后传输给脉冲转换器，将电压的突降信息变成脉冲

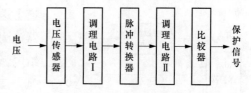

图 5-2 电压检测法

信号。该脉冲信号再经调理电路Ⅱ进行整形、二次变换等处理。调理电路Ⅱ主要由单稳态触发器、积分器组成。经单稳态触发器后将脉冲信号变为频率随脉冲信号变化且幅值恒定、宽度不变的脉冲，再经积分器进行积分变换后作为比较器的输入信号，当输入信号的幅值超过比较器的设定值时，比较器输出保护信号。

该方法需要对电弧电压信号进行检测，提取电弧电压的突降信息。然而电弧电压信号易受电网负载及其他因素的干扰，故障电弧判别的准确性不高。

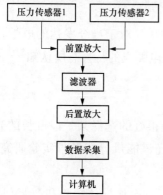

图 5-3 超声波检测系统

（2）超声波检测法。

弧声也是电弧产生过程伴生的一种明显的物理现象，因此弧声信号可作为故障电弧报警的判据之一。典型的超声检测系统结构如图 5-3 所示。该系统由不同型号的压电传感器、前置仪用放大器、滤波电路、后置放大电路和数字采集电路构成。最后，检测数据输入给计算机处理。

压电传感器为超声波换能器，完成由超声信号到电信号的转变。超声波换能器是系统的关键部件，可选用频率范围 40~200kHz、性能可靠的压电传感器，其核心部件为进口镀膜压电晶片，频率误差小，外部结构采用多层阻抗匹配及优良的被衬材料，具有良好的振动阻尼特性，且时

间和温度稳定性好、灵敏度高。前置放大电路采用仪用放大器，其主要特点是高灵敏度，高输入阻抗，低输出阻抗，既可对信号进行放大，又可过滤：直流分量。在故障电弧弧声检测过程中还存在一定的噪声干扰，主要有低频的机械振动噪声（20kHz 以下）、高频的电磁辐射干扰及信号本身的高频噪声，因此必须对信号进行滤波，以提高信噪比。由于被检测超声波信号随距离不同而衰减，针对不同的检测距离和弧声强度，可调节后置放大电路的放大倍数。根据具体情况数字采集电路的采样频率对采样点数和采样时间进行调节。最后计算机对采集数据的进行分析处理，实现对故障电弧的保护。

（3）电弧光检测法

弧光是电弧发生时产生的最明显、变化最快的物理量，通过检测电弧弧光信号，并根据弧光信号的强度判别故障电弧的发生。它是目前比较理想的中低压配电开关保护方案之一，它主要通过检测电弧最明显且变化最快的物理量—弧光强度来实现。图 5-4 为电流与弧光双判据法示意图，它由电弧保护器、电流检测单元和弧光探测器 3 个主要部分组成。其中电弧保护器是核心部分，它有两路输入信号通道，一路是电流信号通道，另一路是弧光信号通道。电流互感器 TA 检测电弧电流信号经电流检测单元处理后经通

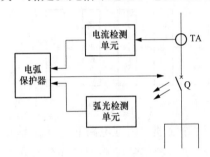

道 I 送给电弧保护器，故障电弧的弧光信号经探测器检测并进行放大、滤波等与处理后经通道 2 输入给电弧保护器。电弧保护器接收到电弧电流信号和弧光信号后，经 A/D 转换器转换为数字量，并进行数字处理、逻辑比较、判断，当电流信号和弧光信号均达到设定值，则发出故障电弧保护信号，控制配电开关的脱扣机构，使配电开关跳闸断开故障电弧线路。

图 5-4　电流与弧光双判据法

由于环境中干扰光源较多，单一的弧光判据很难实现故障电弧保护的可靠性，但可以作为主要判据之一用于故障电弧保护系统中。这种采用弧光、电流信号双判据的故障电弧保护系统，可使保护系统的可靠性得到提高。

实践证明，同时检测电流和电弧光是最有效和可靠的方法。对于当今发达的电学检测手段，对电流的检测较简单，但是要检测电弧光，就要对电弧光的特性有所认知。

5.1.5　电弧光光谱能量分布

通过对电弧光的光谱进行研究，可以从光谱能量分布上很好的选择某一段波长的光作为弧光检测的信号源，目前已有学者和企业对电弧光的光谱能量分布做了实验研究，这里主要介绍短路电弧和高压电离电弧的光谱能量分布特征。

利用如图 5-5 所示的方法分别在电压 220V 电流 200A 时的金属导体短路和 20kV 时具有一定距离的金属导体高压电离的电弧光进行了光谱实验研究，实验结果表明，无论是短路时的电弧光还是高压电离时的电弧光，其光谱显示的能量基本上分布在紫外区，且其能量的份额在整个电弧光光谱范围内可达到 70% 以上。

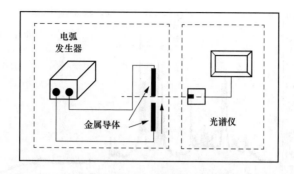

图 5-5　电弧光光谱实验原理图

　　实验采用了几种不同材料的电极,对于不同导体在短路的瞬间辐射出的电弧光而言,各种金属产生的光谱成分近似相同,只是在全光谱范围内,相同波长处光的相对强度有所不同,如图 5-6 和图 5-7 所示。从图 5-6 可以看出,同种金属导体在短路的瞬间产生的电弧光的强度主要集中在两个波长段,即:250~380nm 的紫外光波段及 400~600nm 的可见光波段,而波长大于 700nm 的红外光的强度几乎可以忽略不计。

　　图 5-7 给出了不同种金属导体之间短路时辐射电弧光的光谱图,从图中可以看出,各种金属导体之间因短路而辐射出的电弧光的成分与同种金属导体短路辐射出的电弧光的成分几乎相同,电弧光的强度也主要集中在近紫外和可见光区。

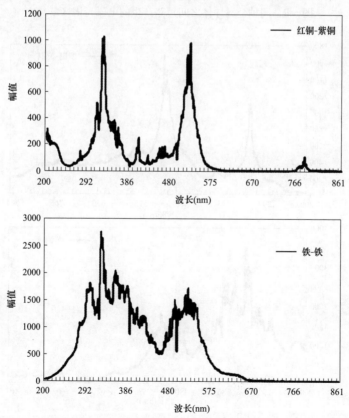

图 5-6　同种金属导体之间短路产生的电弧光谱（一）

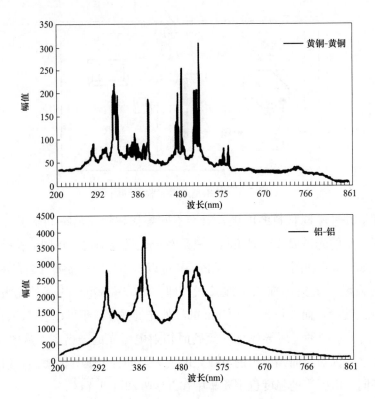

图 5-6　同种金属导体之间短路产生的电弧光谱（二）

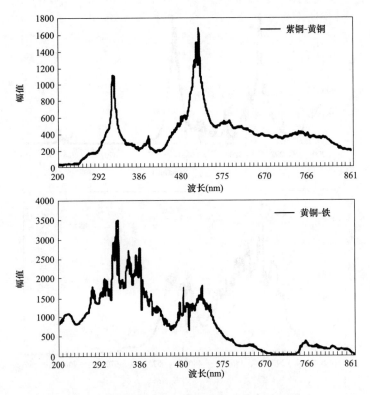

图 5-7　不同种金属导体之间短路产生的电弧光谱（一）

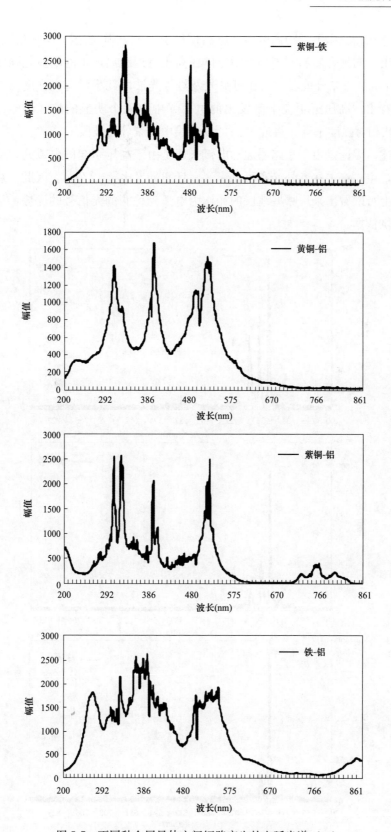

图 5-7　不同种金属导体之间短路产生的电弧光谱（二）

金属导体在高电压下近距离时由于电离作用引起的电弧光光谱图如图5-8所示。从图中可以得出，同种金属和不同种金属导体在高压下近距离产生的电弧光强度主要集中在300～380nm的近紫外波段，其在可见光及红外光波段几乎没有光强度激发出来，从图中还可以看出，高压近距离下激发出的电弧光中有两个明显的波峰，即：335nm和365nm，且从相对强度来看，将近90%的强度集中在紫外光波段。

综上所述，无论是由于短路引起的电弧光还是由于高压引起的电弧光，从其光谱能量分布上看，主要集中在紫外光和可见光区，且能量占比超出70%。因此，从电弧光光谱能量分布上可以看出采用哪些波段的光作为电弧光检测的光信号的优势，从而为电弧光的检测提供依据。

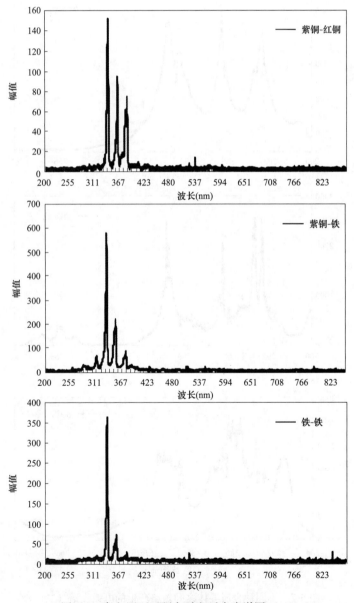

图 5-8　高电压下近距离时电弧光光谱图（一）

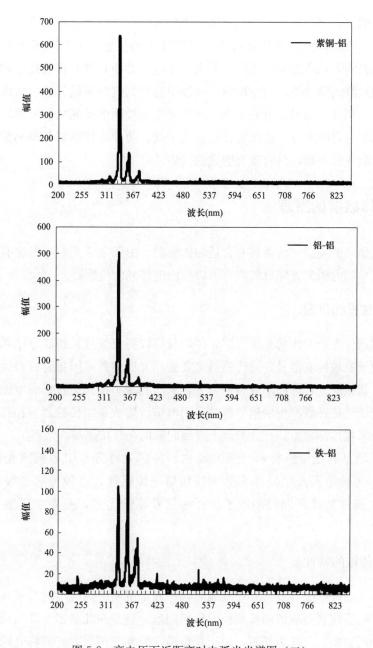

图 5-8 高电压下近距离时电弧光光谱图（二）

5.1.6 电弧光特性应用

电弧光的发生伴随着发光、发热、增压等特性，对设备和人类的危害极为严重，需要对容易发生电路电弧故障的地方加以检测保护。从上面的描述来看，采取电流检测和弧光检测共同检测的方式是相当可靠的，双重保护，同时提高检测的可靠性。而弧光检测所用的传感器对电弧光的光谱有一定的关系，从上面的实验可以得出，假如采用红外光来检测，最终可能起不到检测效果。然而如若采用紫外光或可见光作为信号源，则检测效果会非常明显，因为电弧光的能量那个主要集中在紫外光和可见光波段。依据电弧光的这一特性，可以研究用于检测可见光或紫外光的传感器来探测发生的电弧光。然而，由于可见光的光谱范围与日光灯、阳光、手电筒等的光谱非常接近，如若采用可见光作为电弧光检测的信号源，则在检测的过程中会受到这些光的干扰，从而使检测的可靠性大为降低。相反，如果把电弧光中的紫外光作为检测电弧光的信号源，则因紫外光是上述干扰源不包含的部分，进而可以避免其干扰，使检测传感器只检测紫外光，既有效又避免了杂散光的干扰，具有极为明显的优势。

5.2　光学传感器的原理

要检测电弧光的发生，就需要有合适的传感器。由于电弧光发生时会有强烈的光发出，因此，在检测电弧光方面就需要有可以检测电弧光的传感器。

5.2.1　光学传感的机理

光学传感器作为新时代的光学传感元件，身负着将光信号转换成方便系统或数据处理分析单元便于处理的电信号。光传感器是在受到光照射后，因传感材料吸收了光子能量致使其发生能级跃迁，进而形成自由电子，从而实现了把光能转化成电能的一种换能器件。由于传统光传感器产生的信号都是采用电缆传输或是由传感器直接传感，因此其传输距离和抗干扰性都较差，在此基础上发展起来的光纤传感器应运而生。

光纤传感器是利用传感材料（荧光物质、感测光纤等）吸收被测光后由光纤将传感到的信号光传输至光敏器件而形成的新型光传感器，这种传感器吸取了传统光传感器的光电转换特性，同时利用了光纤的信号传输优势，是今后光学传感发展的主要方向。

5.2.2　光纤传输的特性

光纤是传光的纤维波导或光导纤维的简称。通常主要由高纯度的石英玻璃掺杂少量锗、硼、磷等杂质拉制而成的细长圆柱形导光细丝，直径在几微米至几百微米之间。实际结构为内外同轴型，内部为纤芯，用于光传输，外部为包层，起到将光限制在纤芯内进行传输的作用。光纤的传播原理是菲涅尔原理。

5.2.2.1　菲涅尔定律

菲涅尔定律描述了光在不同介质表面处发生的反射与折射现象。图 5-9 中介质 1 的折射率为 n_1，介质 2 的折射率为 n_2。当光束以较小角度 θ_1 从介质 2 入射到介质分界面时，部分光发生折射进入到介质 1 中，折射角为 θ_2，部分光发生反射返回到介质 2 中，反射角为 θ_3。它们之间的相对强度取决于两种介质的折射率，介质的折射率定义为光在空气中的传输速度与其在介质中传输速度的比。

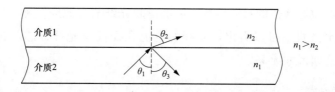

图 5-9　光束从光密介质向光疏介质传播时在分界面处的折射和反射

由菲涅尔定律知

$$\theta_1 = \theta_3 \tag{5-1}$$

$$\frac{\sin\theta_1}{\sin\theta_2} = \frac{n_2}{n_1} \tag{5-2}$$

在 $n_1 > n_2$ 时，逐渐增大 θ_1，进入介质 2 的折射光束进一步趋向分界面，直到 θ_2 趋于 90°。此时，进入到介质 2 中的光强度显著减小并趋于零，而反射光纤接近于入射光纤。当 $\theta_2 = 90°$ 极限值时，相应的 θ_1 定义为临界角 θ_c。

$$\theta_c = \arcsin(n_2/n_1) \tag{5-3}$$

当 $n_1 > n_c$ 时，入射光线将产生全反射。

5.2.2.2　光纤的导光原理

全反射原理是光纤传输的基础。图 5-10 是阶跃折射率分布的光纤，纤芯折射率 n_1 大于包层折射率 n_2，n_0 为空气折射率。这里仅介绍阶跃型光纤子午面内光线传播的情况。

由全反射理论可知，当子午光线在光纤内发生全反射向前传输时，其在纤芯与包层的分界面处的临界角 I 满足全

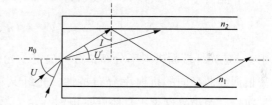

图 5-10　阶跃光纤光纤传输原理

反射角，而此时从空气中进入光纤的光线与光纤轴线之间的夹角 U 也处于临界状态，若此角继续增大，则进入纤芯的光会有一部分从包层中泄露出去。由菲涅尔定律可知，两个角的临界值分别为

$$\sin i = n_2/n_1 \tag{5-4}$$

$$\sin u = \frac{n_1}{n_0}\sin u' \tag{5-5}$$

因为

$$\cos u' = \sin i \tag{5-6}$$

所以

$$\sin u_{\max} = \frac{1}{n_0}\sqrt{(n_1^2 - n_2^2)} \tag{5-7}$$

n_0、$u_{\max}$ 被定义为光纤的数值孔径，用 N_A 表示，是光纤端面集光能力的亮度。光纤

的数值孔径是光纤波导特性的重要参数，能够反映光纤与光源或探测器等元件耦合时的耦合效率。从其定义式里可以看出，光纤的数值孔径仅与光纤纤芯和包层的折射率相关，而与光纤的几何尺寸无关。

5.2.2.3　光纤的分类

光纤是一种光波导，是根据菲涅尔反射原理利用透光介质拉制而成的导光细丝。由于其几何结构及光传输原理，光波在光纤中传输时存在模式问题。模式是指传输线横截面和纵截面的电磁场分布结构，一般而言，不同模式有不同的场结构，且每一种传输线都有一个与其对应的基模或主模。基模是截止波长最长的波长的对应模式。根据光纤能传输的模式数目，可将其分为单模光纤和多模光纤。

光纤的模式数量可以由一个与光波的频率和光纤的结构参数有关的参量表征，即归一化频率 V，其定义式如下

$$V = ka \cdot N_A = ka \sqrt{(n_1^2 - n_2^2)} = n_1 ka (2\Delta)^{\frac{1}{2}} \tag{5-8}$$

式中：k 是平面光波在自由空间中的传播常数或波数，定义为 $k = 2\pi/\lambda$；λ 是传导光在自由空间的波长；a 是光纤的半径；N_A 是光纤的数值孔径；n_1 是纤芯折射率的最大值；n_2 是包层的折射率；Δ 为最大相对折射率，即

$$\Delta = \frac{n_1^2 - n_2^2}{2n_1^2} \approx \frac{n_1 - n_2}{n_1} \tag{5-9}$$

光纤能传导的模式数 N 可表示为

$$N = \left[\frac{\alpha}{2(\alpha + 2)} \right] V^2 = (n_1 ka)^2 \cdot \Delta \cdot \left(\frac{\alpha}{\alpha + 2} \right) \tag{5-10}$$

式中：α 是光纤端面折射率分布指数，决定了光纤折射率沿径向分布的规律。

根据纤芯径向的折射率分布特性，光纤又可分为阶跃折射率光纤和渐变折射率光纤。通常，单模光纤多半是阶跃折射率分布，多模光纤既有阶跃折射率分布的也有渐变折射率分布的，如图 5-11 所示。

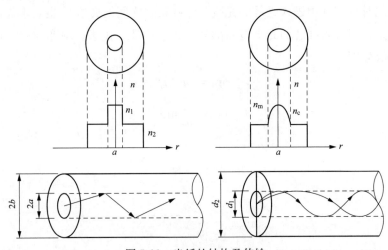

图 5-11　光纤的结构及传输

5.2.3　光传感材料

光传感材料大体上可以分为光电传感材料和光学传感材料两大类。

5.2.3.1　光电传感材料

光电传感材料是在光照射的情况下能够产生电子或者在外加电压下形成电流的一类材料，主要有以下三种：

（1）光电子发射材料。当光照射到材料上，光被材料吸收产生发射电子的现象称为光电子发射现象。具有这种现象的材料称为光电子发射材料，又叫外光电效应材料。光电子发射材料包括正电子亲和势阴极材料和负电子亲和势阴极材料。前者主要有单碱-锑正电子亲和势阴极材料，其中单碱包括锂、钾、铷、铯，以及多碱-锑正电子亲和势阴极材料，其中多碱包括钠-钾、钾-铯等。此外，还有银-氧-铯、铯-铋、铋-银-氧-铯和半导体正电子亲和势阴极材料。后者主要包括硅、磷化镓、铟化砷钾、磷化砷钾铟。

（2）光电导材料。受光照射电导急剧上升的现象称为光电导现象，具有此现象的材料叫光电导材料。利用具有光电导效应的材料可以制成电导随入射光度量变化的器件，称为光电导传感器件，最典型的光电导传感器件是光敏电阻。

（3）光电动势材料。光纤中出射的光照射在半导体的 p-n 结上，则在 p-n 结两端会出现电势差，p 区为正极，n 区为负极。这一电势差可以用高内阻的电压表测量出来，这种效应称为光电效应（光生伏特效应）。具有光生伏特效应的材料被称为光电动势材料。这种材料主要用作光电池，同时也可作为光电转换器件进行光传感。

5.2.3.2　光学传感材料

光学传感材料，顾名思义就是，这种材料在受到光照射时，材料的光学特性发生变化或内部分子、原子在光的激发下可以产生新的同频率或不同频率的光子，这些光子合在一起组成新波长的光。这一类材料属于光学特性发生变化的材料，所以称为光学传感材料。根据变化机理主要分为光学感光材料和光学转换材料。

（1）光学感光材料。诸如感光胶片之类的化合物成分在受到光照射时可以还原成金属颗粒，这种颗粒起到吸收或阻挡光线的目的，进而能够形成发光物体的像。然后由后期加工处理，将材料胶片上所成的像储存记录起来。这种材料主要用于成像传感方面。

（2）光学转换材料。这种材料较常见，它可以把照射到其上面的光转换成另一种波长的光，新产生的光的强度与入射光的波长和强度相关。目前发达的材料科学研发出的荧光材料就属于此类材料，其中掺杂的稀土金属离子在受到一定频率的光照射时会激发相应材料发出与入射光频率不同的光，从而将入射光的波长转换成另一波长的光。大致转换原理如图 5-12 所示，材料中的粒子被入射光激发后跃迁至激发态，然后辐射光子后回到基态，这一过程中会发射光子，产生发射光。这种激发辐射光的转换过程包括上转换和下转换。这种材料对于弧光传感非常有利，利用这种材料的波长转换机制，可以将弧光种的不易检测成分转换成易于检测的波长的光，或者将不易于光纤传输的光转换成利于传输的光，极大程度地减少光信号传输中的衰减或损耗。

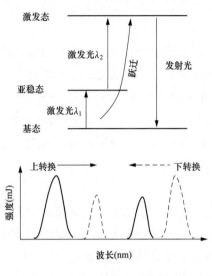

图 5-12　光学转换材料的转换原理

5.3　弧光传感器的分类及结构

5.3.1　弧光传感器的分类

弧光传感器作为新型的光学传感器，按照其探测的波段主要分为两类，即紫外弧光传感器和可见光弧光传感器。

（1）紫外弧光传感器。紫外弧光传感器是用来探测故障电弧光中的紫外光成分的传感器。这类传感器实现的方法通常有两种，其一是利用紫外滤光片滤出弧光中其他波段的光，而只让紫外光透过，然后用探测器接收进行光电转换或者通过光纤传输一段距离后再进行光电转换；另一种方法就是采用具有波长转换的材料将紫外光转换后再进行传输或光电转换，所利用的材料具有一定的滤光功能。这类传感器可以滤出弧光中的可见光成分，使得其在使用中不受环境光的干扰，同时可以抵抗灯光、检修用手电筒等光源的影响。

（2）可见光弧光传感器。此类弧光传感器是电弧光保护中使用的较早的，也是最为普遍的一类传感器。该类传感器主要探测电弧光中的可见光成分，由于其无需进行光学转换，无论是探测器还是光纤，都可直接接收及光电转换，故而生产制造也比较简单，对应成本也比较低。由于其本身的特性，这类弧光传感器对于其他波段的光也有一定的敏感度，但较之可见光波段的敏感度而言，则要低的多，通常它们在紫外和红外波段的敏感度是可见光波段敏感度的十分之一甚至更小。

5.3.2 弧光传感器的结构

弧光传感器的结构主要指其外形结构，因此比较繁杂。由于其应用场合不一，为了满足应用要求，各厂家生产的弧光传感器在结构上大有区别，同时，还夹杂着特别应用而专门设计的结构。因此，从外形结构上讲，弧光传感器是各种各样的，形状不一。下面介绍两种主流传感器的外形结构。

(1) 同轴型。同轴型结构的弧光传感器即从接收光到把接收到的光传出都是轴向的，由于其包含的部件均是轴对称型的，因此成为同轴型。这种结构的传感器给人的视觉体验比较直观，就像手电筒一样，让人一看就能明白光是从前面的镜头出射出。同轴型的弧光传感器比较有代表性，且其结构基本一致，不同的只是几何尺寸不一而已，图 5-13 描绘了这种结构的大致形状。

(2) 侧向型。侧向型弧光传感器，见名知意，就是其接收弧光的部位位于传感器的某一侧面，弧光从侧面进入传感器后，要么直接有探测器接收，要么经过一次反射或者特殊的方式转换 90°方向传输，然后由探测器接收或由光纤接收后传输出去。这种结构的弧光传感器的经典形状如图 5-14 所示。从图 5-14 中可以看出，这种结构的传感器接收光的角度仅限于该面所面对的空间，而对于同该面法线所成角度大于 90°的方向的光则无法接收，这也是该结构弧光传感器的弊端，只是不影响使用而已。

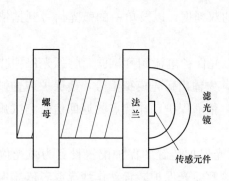

图 5-13 同轴型弧光传感器形状

图 5-14 侧向型弧光传感器形状

6

弧光保护装置的调试和维护

6.1　弧光保护装置的调试

弧光保护装置原理简单，主要输入量为非电量信号弧光和电量信号电流两个参数。但是由于弧光信号的引入，给弧光保护装置的检测带来了相当的难度。由于不同型号保护的弧光传感器对光灵敏度的不同，弧光传感器对光源最大感测距离的不同，同时也缺乏较为专业的能够定量发射弧光的试验装置，所以如何实现定量实现弧光传感器的检验目前存在难度。

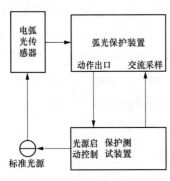

图 6-1　弧光保护校验设备
原理示意图

基于弧光保护原理，一般考虑弧光保护校验设备的原理如图 6-1 所示。

对于弧光校验设备要求完成以下几个功能：

（1）弧光保护动作时间测试试验。连接弧光保护设备，保护测试装置，设置弧光传感器定值、电流定值，启动保护测试装置，依靠保护动作接点返回信号记录保护动作时间，测试装置能测试弧光保护装置在弧光信号、电流信号的双判据，以及单一的弧光信号判据情况下的动作时间。

（2）弧光保护电流精度试验。将弧光保护装置的动作逻辑设置为弧光信号、电流信号双判据，先输出弧光模拟信号，使保护装置弧光信号判据满足，启动保护测试装置的电流输出，依靠保护动作接点的返回信号测试弧光保护装置的电流动作精度。

（3）弧光传感器测量精度试验。将弧光保护装置的保护配置设置为弧光信号单判据，测试装置输出不同光强的弧光信号，观察弧光保护装置动作情况或者依靠保护动作接点的返回信号测试，当装置可靠动作时，从测试仪上读取动作值，用于校验弧光保护装置的弧光传感器测量精度。

弧光校验设备的设计的关键点在于弧光信号的定量输出、弧光信号和电流信号的同步。由于用于模拟弧光信号的光源一般从有光到稳定到定量输出的光信号都有一个反馈稳定时间，在进行保护动作时间测试时需要考虑此因素对于测试时间的影响。弧光校验设备输出的电流信号必须为突变量模式输出，以符合弧光保护动作的要求。

目前已经有个别可用于弧光校验的设备，但是实际使用情况都不太理想，关键在于光信号在空气、光纤的传输介质上的衰减非常严重，各个设备厂商弧光传感器的结构以及实现原理各不相同，弧光校验设备一般针对特定的传感器设计，当弧光传感器感光面的形状不同时，弧光校验设备需要根据不同的弧光传感器重新设计和校准，这就导致了弧光校验设备的应用受到了极大约束，不具备广泛适用性。

同时此类弧光校验设备一般针对实验室和工厂校验应用场合研发，当弧光传感器在现场安装后，弧光校验设备的应用就受到了极大约束。

对于这种情况，厂商们也在尽力设计能够具备广泛适用性的弧光校验设备，此问题应该在不久的将来得到解决。

6.2 弧光保护装置的测试

针对目前的实际情况，弧光保护装置在测试时一般采用弧光判据和电流判据分别独立测试的办法，以下测试方法仅为理论测试方法，需要相关弧光发生器、电流发生器和标准校验仪表相配合才能实现，仅供参考。

（1）弧光判据。

1）整定值的准确度测试：

将弧光保护的保护模式设置为单弧光判据，将需要检测的弧光传感器通过光纤或电缆连接到弧光保护的任一个弧光传感器接入口，同时将光功率计的检测探头与弧光传感器并列放置，调整弧光发生器光源使光功率达到设置值的80%，弧光保护应可靠不动作，调整弧光发生器光源使光功率达到设置值的120%，弧光保护应可靠动作。

弧光保护动作时继电器跳闸出口应与预先设定的跳闸方式相同，弧光保护装置面板指示灯应有弧光动作和事故状态指示，在主单元显示器上能查询弧光传感器动作信息，应与弧光传感器入口一致。

2）出口时间测试：

调整弧光发生器光源使光功率达到设置值的120%，将弧光信号瞬时输出至弧光传感器输入模拟故障弧光信号，弧光保护继电器出口应动作，用示波器或专用设备记录弧光信号输出时刻与继电器跳闸出口时刻，在单弧光判据情况下，弧光信号输出时刻与继电器跳闸出口时刻时间差应小于10ms。

（2）电流判据。

1）整定值的准确度测试：

将弧光保护的保护模式设置为"弧光 & 电流"双判据，使用模拟故障弧光信号照射弧光传感器通道（使弧光判据一直满足），电流单元电流输入端接电流发生器电流输出，调整电流发生器电流输出使输入电流达到设置值的95%，弧光保护应不动作，调整电流发生器电流输出使输入电流达到设置值的105%，弧光保护应动作。

采用缓慢上升调节电流的方式实质上是测试弧光保护装置的电流常量启动元件，若需要测试弧光保护装置的电流突变量元件，可以将电流发生器电流输出设置为只输出10ms，然后进行测试，在采用电流突变量方式测试时，可适当放宽对于电流精度的要求，电流定值误差不超过±5％，对弧光保护装置应用影响不大。

2）出口时间测试：

测试方法同上所述，调整电流发生器电流输出使输入电流达到设置值的200％，然后采用突变量方式输入电流，用示波器记录或专用设备记录电流信号输出时刻与继电器跳闸出口时刻，电流信号输出时刻与继电器跳闸出口时刻时间差一般应小于15ms。

A相、B相、C相三相按上述试验方法各测试一次。弧光保护动作时继电器跳闸出口应与预先设定的跳闸方式相同，继电器出口动作后，主控单元和电流单元面板指示灯应有事故状态指示，在主控单元显示器上能查询电流单元事故信息，应与电流单元入口一致。

6.3 现场测试

受目前测试设备局限性的影响，弧光保护装置在现场可采用模拟弧光光源和继电保护测试仪进行模拟测试，模拟弧光光源可以采用闪光灯或强光电筒或激光源等工具，继电保护测试仪用于测试电流回路。

在进行现场检验前，应准备与现场状况一致的图纸、检验仪器、仪表等检验设备，仪器、仪表应在检定合格周期内。了解被检弧光保护的系统配置及一、二次设备情况，并制定现场检验安全技术措施。

进行整组动作试验前，应检查二次回路接线，明确试验对象，设置弧光保护定值参数，并投入相应压板，并做好安全措施。

采用闪光灯模拟光源时测试步骤大致如下：

（1）将闪光灯置于离弧光传感器0.5～1m处；

（2）确保没有物体遮挡光线；

（3）将闪光灯对准弧光传感器；

（4）按下闪光测试按钮；

（5）检查主单元上的动作信息，判断是否与测试的弧光传感器对应；

（6）如果主单元的保护模式设置为"单弧光"判据，则继电器跳闸出口应动作，主单元面板指示灯应有弧光动作和事故状态指示，在主单元显示器上能查询弧光传感器动作信息；

（7）如果主单元的保护模式设置为"弧光 & 电流"判据，则主单元面板指示灯应有弧光动作指示，但弧光保护不动作，无继电器出口动作，在主单元显示器上查询弧光传感器动作信息。

主单元的保护模式设置为"弧光 & 电流"判据时，使用继电保护测试仪模拟故障电流接入弧光保护装置，当故障电流大于电流定值时，再次重复1～4步骤，则继电器跳闸出口应动作，主单元面板指示灯应有弧光动作和事故状态指示，在主单元显示器上能查询弧光传感器动作信息。当故障电流小于电流定值时，再次重复1～4步骤则主单元面板指示灯应有弧光动作指示，但弧光保护不动作，无继电器出口动作，在主单元显示器上能查询弧光传感器动作信息。

（1）弧光保护整组实验时应将弧光传感器、电流元件和跳闸出口相对应测试，整组实验的跳闸出口逻辑和方式应符合设定的选择性跳闸方式。

（2）若弧光保护装置需要使用失灵保护时，还需要认真核对装置电流相序，如装置只接入 A、C 两相电流，需要将失灵保护的负序电流元件和零序电流元件退出，当需要使用断路器位置辅助接点时，需要将断路器位置接点与电流回路相对应，按照设定的定值和保护逻辑进行失灵保护功能测试，检测弧光保护装置的失灵保护逻辑的动作时间和跳闸出口方式。

（3）弧光保护装置若是由多个功能模块组成，应仔细测试各个模块之间的通信连接，任意一个模块的通信回路故障时，主控单元应有明显报警提示，并且闭锁该模块相应的保护逻辑功能；在通信回路恢复正常并且故障信息复归后，相应的保护逻辑功能应能够恢复。

（4）弧光保护装置应具备与监控系统的通信功能，能够实时上传保护动作信息和告警信息，监控系统应能够反映弧光传感器状态，并与弧光传感器安装位置相对应，方便用户在故障时迅速寻找到故障点；监控系统应能够修改保护装置定值，查看装置故障录波信息。

6.4　弧光保护装置的维护

弧光保护在日常运行时应注意以下事项：

（1）弧光传感器应避免暴露在强光源（如日光）的直接照射之下。

（2）在弧光保护装置附近，应避免电焊等可产生强光的操作，若必须进行此类操作，需要将弧光保护暂时退出运行。

（3）弧光传感器至主机（主控单元）或从机（辅助单元）的联接光缆需做好防护。

7

电弧光故障分析

我国现有电力网的中性点接地方式有中性点直接接地、中性点经消弧线圈接地和中性点不接地（即中性点绝缘）三种，单相弧光接地引起的过电压主要发生在中性点非直接接地的电力网中。单相接地是电网运行中出现频率最高、最常见的故障形式。我国6～66kV 电网的中性点运行方式，大部分采用中性点不接地或中性点经消弧线圈接地。在这些电网的运行中，运行规程规定，出现单相接地后，允许带接地点运行的时间一般不超过 120min。但随着中低压电网的扩大，供电母线的出线回路数增多，线路长度增加，特别是电力电缆线路的大量使用，使单相接地电容电流大幅度增加。当电容电流增大到一定程度，单相接点接地电弧不能自动熄灭，就可能出现接地点电弧时燃时灭的不稳定状态。这种电弧重燃熄灭的间歇过程，导致电网中电感和电容回路的电磁振荡。

7.1 电弧光故障理论分析

7.1.1 中性点不接地系统单相接地时的物理过程

在中性点非直接接地电网中发生单相接地时，由于中性点不接地，故不形成短路回路，接地故障电流很小，而且三相之间的线电压仍然保持对称，对负荷的供电没有影响，因此在一般情况下允许系统继续运行 1～2h，而不必立即跳闸，这也是采用中性点非直接接地的主要优点。这提高了供电的稳定性。但是在单相接地，非故障的对地电压升高为线电压，这对系统的绝缘不利，为防止故障进一步扩大，需要装设继电保护装置。

如图 7-1 所示的中性点不接地系统网络接线，图中采用集中参数忽略线路阻抗，各线路的各相对地分布电容分别相等。正常状态下，电源电压 E_A、E_B 和 E_C 是对称的。每相对地电容电流都超前相电压 90°，三相电容之和为零。假设在 A 相 S 点发生单相接地短路，R_d 为接地电阻，当金属接地时为零。

当发生单相接地时，利用戴维南定理，从短路点看进去，即将 R_d 看成是有源二端网络的负载电阻，开路电压即为 A 相对地电压（即为非故障前的 E_A），其等效内阻为将三相电源对地短路时的输入端电阻。忽略电源变压器和线路阻抗，可得等效如图 7-2 所示。

通常，电网零序阻抗为电网每相对地阻抗。忽略绝缘电阻后，即为 $Z_0 = X_C$，如线路 I 则 $Z_0 = X_{C1}$。C_1，C_2，C_3 分别是线路 1、线路 2 及发电机三相对地电容的并联值，$C_1 = 3C_{A1}$，$C_2 = 3C_{A2}$，$C_3 = 3C_{GA}$。由图 7-2 可计算得

$$\dot{U}_0 = \frac{\dot{E}_A}{R_d\omega(C_1 + C_2 + C_3) + 1} \tag{7-1}$$

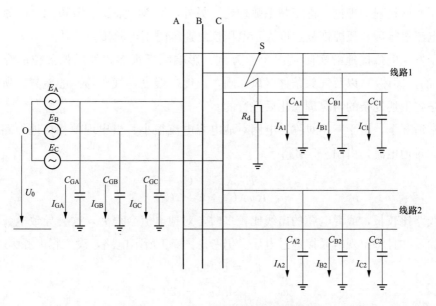

图 7-1 中性点不接地系统网络接线图

当金属性接地时，R_d 为零 $\dot{U}_0 = -\dot{E}_A$。故障相对地电压为

$$\dot{U}_{Ad} = \dot{E}_A + \dot{U}_0 = 0 \tag{7-2}$$

同理，非故障相 B、C 相对地电压分别为

$$\dot{U}_{Bd} = \dot{E}_B + \dot{U}_0 = \dot{E}_B - \dot{E}_A \tag{7-3}$$

$$\dot{U}_{Cd} = \dot{E}_C + \dot{U}_0 = \dot{E}_C - \dot{E}_A \tag{7-4}$$

可见系统发生单相接地后，中性点对地电

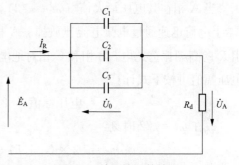

图 7-2 单相接地等效图

压不再为零，即系统出现中性点偏移。非故障相对地电压为电源电势叠加上零序电压。

当金属性接地时，$\dot{U}_0 = -\dot{E}_A$ 故障相对地电压为零，非故障相电压升高为线电压。

当金属性接地时，在非故障相中，流向故障点的电容电流为

$$\dot{I}_B = \dot{U}_{Bd}j\omega C \tag{7-5}$$

$$\dot{I}_C = \dot{U}_{Cd}j\omega C \tag{7-6}$$

所以非故障相电流也相应的增加。

7.1.2 中性点不接地系统发生电弧接地故障分析

中性点不接地系统发生单相电弧接地的情况有稳定电弧接地、断续电弧接地，以下讨论稳定性电弧接地。中性点不接地电网中，当发生单相接地时，通过接地点的电流为全系统非故障相对地电容电流之和。接地电流的大小，将直接影响接地点的燃弧状况。

目前关于电弧接地过电压的理论和实验验证并不够完善。以高频振荡电流第一次过零时熄弧来分析过电压发展过程的理论，称高频熄弧理论；以工频电流过零时熄弧来分析过电压发展过程的理论，称工频熄弧理论。另外，Y. M. 朱瓦尔雷和 H. H. 别里亚柯夫认为电流过零后，弧隙恢复速度大于电压恢复速度时不再燃弧。

由于发生电弧接地的实际情况千差万别，影响因素很多，如燃弧部位的介质不同（空气，油，固体），以及气象条件（风，雨，温度，湿度，气压等）的差异。所以我们的分析是将上述复杂的情况理想化后进行的。

正常情况下，由于三相对称，电网对地电容电流很小。当出现单相接地短路时，将出现较大对地电流，由图 7-2 可得

$$\dot{I}_\mathrm{R} = -\frac{\dot{E}_\mathrm{A}\omega(C_1 + C_2 + C_3)}{R_\mathrm{d}\omega(C_1 + C_2 + C_3) + 1} \tag{7-7}$$

当线路比较长，或者电缆的出线比较多时，对地电流会很大，这会导致电弧接地不容易消除，并且将出现电弧接地过电压。仍考虑图 7-1 所示电路，设三相电源为

$$e_\mathrm{A} = U_\mathrm{M}\sin\omega t \tag{7-8}$$

$$e_\mathrm{B} = U_\mathrm{M}\sin(\omega t - 120°) \tag{7-9}$$

$$e_\mathrm{C} = U_\mathrm{M}\sin(\omega t + 120°) \tag{7-10}$$

当 A 相在其电压最大值（$\omega t = \pi/2$）处发生电弧接地故障时（S 点直接电弧接地），C_A1 上电荷迅速通过电弧电流泄放掉。A 相电压突降为零。经过电源变压器漏感 L 和电阻 R 的高频振荡充电，B 相和 C 相对地电压便由 $-0.5U_\mathrm{M}$ 降低 $-1.5U_\mathrm{M}$。对地电容充电电压幅值可按下式计算。

$$电压幅值 = 2 倍稳态值 - 初始值 \tag{7-11}$$

故在 $\omega t = \pi/2$ 时刻：

$$u_\mathrm{B} = [2 \times (-1.5) - (-0.5)]U_\mathrm{M} = -2.5U_\mathrm{M} \tag{7-12}$$

$$u_\mathrm{C} = [2 \times (-1.5) - (-0.5)]U_\mathrm{M} = -2.5U_\mathrm{M} \tag{7-13}$$

按工频熄弧理论，在 A 相电流过零点即 $\omega t = 3\pi/2$ 时，电弧熄灭。此时刻瞬间，非故障相对电容中存储的电荷对故障相对地电容充电，使三相对地电容上电荷相等。这就使中性点对地有一个直流偏移电压 $u_0 = (2 \times 1.5 + 0)U_\mathrm{M} = U_\mathrm{M}$。此时，各相对地电压为 U_0。与各相电源电压（$\dot{e}_\mathrm{A}$，$\dot{e}_\mathrm{B}$，$\dot{e}_\mathrm{C}$）的叠加。与熄弧前非故障相的对地电压相等，因此不会出现高频振荡过程。此后，B、C 两相对地电压便按各自线电压曲线变化。当到时刻，电弧重燃前各相对地电压为（$\dot{e}_\mathrm{A} = 2 \times U_\mathrm{M}$，$\dot{e}_\mathrm{B} = 0.5 \times U_\mathrm{M}$，$\dot{e}_\mathrm{C} = 0.5 \times U_\mathrm{M}$）。燃弧后（$\dot{e}_\mathrm{A} = 0$，$\dot{e}_\mathrm{B} = \dot{e}_\mathrm{C} = -1.5 \times U_\mathrm{M}$）。燃弧瞬间，B、C 相振荡电压最大值，由式（7-11）可得为 $-3.5U_\mathrm{M}$。当 $\omega t = 7\pi/2$ 时电弧再次熄灭。

由上面可以看出按工频熄弧理论分析，故障相最大过电压值为 $2U_\mathrm{M}$，非故障相为 $3.5U_\mathrm{M}$。且故障相和非故障相的最大电压分别具有相同的极性。所以，发生电弧故障势必使得相电流增大。

7.2　电弧光故障仿真分析

7.2.1　电弧的动态模型

　　基于弧隙能量平衡理论的电弧的动态模型，就是在能量平衡的基础上将电弧当作一个圆柱形的气体通道，而其电导是随着能量变化的。要得到动态方程时，需要对电弧重燃和熄灭过程中出现的物理现象有全面的认识。最早的电弧模型是 1939 年的克西（Cassie）模型和 1943 年的麦也尔（Mayr）模型。后来，研究人员从物理方程式出发来描述电弧过程，并分析了电弧过程与灭弧室或其周围介质状况的关系，在实验的基础上又推导出不少方程式。20 世纪 70 年代以后，在气吹灭弧室纵吹电弧数学物理模型方面有相当大的发展，提出了由能量方程、动量方程、连续方程、气体方程、电导方程等多个非线性方程式组成的电弧模型。

　　从能量平衡的原理出发，可得出：

$$\frac{\mathrm{d}q}{\mathrm{d}t} = e \times i - p \tag{7-14}$$

　　式中，$\mathrm{d}q/\mathrm{d}t$ 是单位长度电弧弧柱中所储存能量的变化。$e \times i$ 是单位弧长输入的功率，e 是弧柱中的电场强度，i 是电弧电流，p 是单位弧长的功率损失。由式（7-14）得

$$\frac{\mathrm{d}q}{\mathrm{d}g}\frac{\mathrm{d}g}{\mathrm{d}x} = p\left(\frac{g \times e^2}{p} - 1\right) \tag{7-15}$$

式中 g 为单位长度电弧电导。

令 $T = g \times \dfrac{\mathrm{d}q}{\mathrm{d}g}$ 可得出

$$\frac{1}{g}\frac{\mathrm{d}g}{\mathrm{d}t} = \frac{1}{T}\left(\frac{g \times e^2}{p} - 1\right) \tag{7-16}$$

　　设 L 为电弧长度，u 为电弧电压，则 p 为电弧弧柱的功率损失，因此可得出

$$\frac{1}{g}\frac{\mathrm{d}g}{\mathrm{d}t} = \frac{1}{T}\left(\frac{u \times i}{p} - 1\right) \tag{7-17}$$

　　当电弧弧柱的电导由 g 转换成稳定电导 G 时，电弧稳定燃烧，电弧的输入能量与散出的能量相等。即 $P_0 = \dfrac{i^2}{G}$ 从而得到

$$\frac{\mathrm{d}g}{\mathrm{d}t} = \frac{1}{T}(G - g) \tag{7-18}$$

式中　G——电弧稳态电导；

　　　　g——电弧电导；

　　　　T——电弧时间常数。

　　根据电弧特性可将瞬时性故障所产生的电弧分为一次电弧（故障发生后到断路器跳开前）和二次电弧（断路器跳开后）。本章节主要讨论的是一次电弧，一次电弧的模

型为

$$\frac{\partial g_{\mathrm{p}}}{\mathrm{d}t} = \frac{1}{T}(G_{\mathrm{p}} - g_{\mathrm{p}}) \tag{7-19}$$

7.2.2 电弧模型的 MATLAB 分析

以 MATLAB 软件为平台，利用（电力系统模块库）中的元件建立的通用电弧模型如图 7-3 所示。电弧模型由电压控制的电流源（Controlled Current Source）、微分方程编译器（DEE）、定值检测（Hit Crossing）、介跃信号（Step）、电压测量（Voltage Mcasuremcnt）等模块组成。以下以 Mayr 电弧模型为例，对各模块的功能与参数设置进行阐述。

（1）微分方程编译器（DEE）。

电弧模型的微分方程可采用 Simulink 中的微分方程编译器（DEE）模块来实现。在 MATLAB 的命令窗口下键入 DEE，以进入 DEE 编译器。Mayr 电弧模型的微分方程为

$$\frac{\mathrm{d}x(1)}{\mathrm{d}t} = \frac{U(2)}{\tau}\left(\frac{e^{x(1)}u(1)^2}{p} - 1\right) \tag{7-20}$$

$$y = e^{x(1)}u(1) \tag{7-21}$$

式中　$x(1)$——微分方程状态变量，即电弧电导的自然对数；

　　　$x(0)$——状态变量的初始值，它是电弧电导的初始值 $g(0)$；

　　　$u(1)$——第一个输入量，即电弧电压 u；

　　　$u(2)$——第二个输入量，它表示断路器触头的关合状态；

　　　y——DEE 的输出量，即电弧电流 i；

　　　τ——电弧时间常数；

　　　p——电弧散热功率。

τ 和 p 是电弧模型的自由参数，它们可在 Mayr 电弧模型的对话框中进行设置和更改。

（2）定值检测（Hit Crossing）。

Simulink 中的"Hit Crossing"模块用于检测电弧电流的过零点。

（3）介跃信号（Step）。

Simulink 的"Step"模块用来控制断路器触头的分离。当触头处于闭合状态时，电弧表现为一个电导，其值为 $g(0)$。当触头分离后，Mayr 电弧模型方程即为式（7-20）和式（7-21）。电弧电导的初始值 $g(0)$ 和断路器触头开始分离的时间都可以在电弧模型对话框中指定。其图形如图 7-3 所示。

Mayr 电弧模型的封装过程如下：

（1）选中已创建的 Mayr 电弧模型子系统，在仿真模型窗口的菜单栏中执行命令，将会打开（封装编译器）对话框。

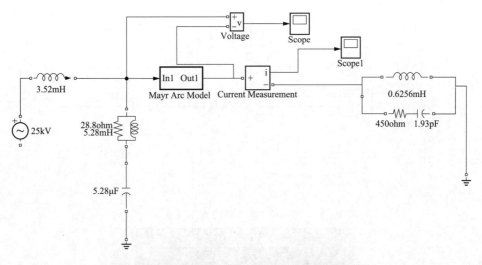

图 7-3 基于 MATLAB 的 Mayr 电弧模型仿真系统

（2）利用封装编译器可以实规 Mayr 电弧模型子系统对话框的设计。需要设计的内容主要包括 Mayr 电弧模型子系统的图形标示、变量参数以及模块描述和帮助信息。

（3）关闭封装编译器，则得到了封装后的 Mayr 电弧模型仿真系统如图 7-3 所示。

此时，双击 Mayr 电弧模型子系统模块则会弹出参数设置对话框，τ 和 p 是电弧模型的自由参数，它们可在 Mayr 电弧模型的对话框中进行设置和更改，如图 7-4 所示。

7.2.3 单相电弧性接地的仿真实验模型

MATLAB 的 Simulink 模块中的电力系统模块集可以使科学家和工程师构建电力系统的仿真模型。在 Simulink 环境下，

图 7-4 封装后 Mayr 电弧模型子系统模块的参数设置对话框

模块集使用点击和拖动操作就可以完成模型的构建，迅速地画出电路拓扑结构图。本文分别对非故障和单相电弧接地故障采用如图 7-5 和图 7-7 的仿真模型。通过示波器可以观察出发生电弧光前后主支路电流的变化情况，图 7-6 和图 7-8 比较可知当发生电弧光后主支路电流明显增大，即电弧光发生电流过流。

本章节主要分析了发生电弧光故障时的情况，得出了三相电流的有效值势必增大的结论；介绍 Cassie 和 Mayr 两种电弧的动态模型，其重点在于运用 MATLAB 建立 Mayr 电弧模型，对 Mayr 电弧模型进行封装后得到其子系统模块，可以方便地对 Mayr 电弧模型中的参数进行设定；建立非故障模型和单相电弧接地故障模型，并运用 MATLAB 进行了仿真。通过对所得到的仿真电流图进行比较，验证发生电弧接地故障时，相电流的有效值必将增大的结果。

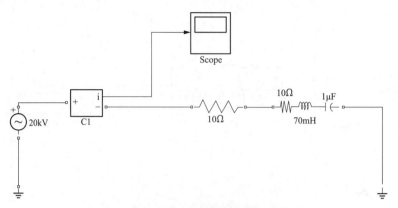

图 7-5　非故障仿真图

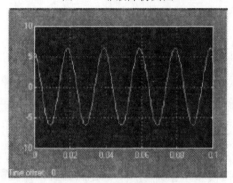

图 7-6　非故障电流波形

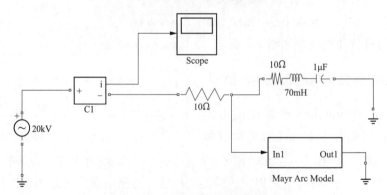

图 7-7　单相电弧接地仿真图

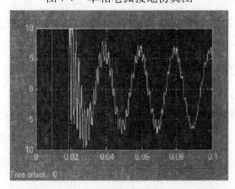

图 7-8　单相电弧接地故障电流波形

弧光保护装置的实例分析

8.1　IEEE 规程要求、试验与解决方案

　　IEEE STD1584-2002 规程资料指出不同原理保护的动作时间所产生的故障能量，该资料计算出传统过流保护、馈线速断闭锁变压器后备过流方法，电弧光与电流策略的弧光保护的动作时间产生故障电弧能量，如图 8-1 所示（测试条件为 480V、65kA，相间间距为 32mm，相地间距为 610mm，开关固有动作时间为 50ms）。

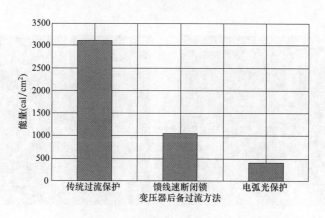

图 8-1　不同原理保护切除故障所产生能量

注：1cal＝4.184J。

　　由上述可知，要减小弧光短路故障的危害关键在于减小弧光故障切除时间，从国内研究和工程实际来看，现有中低压保护显然是不能够达到快速切除母线故障的要求，因此采用快速母线保护对于减小中低压母线弧光短路故障是必要的、迫切的。

　　试验模拟在开关柜承受 50kA 的弧光短路电流，分析出开关柜在 80、500ms 的故障切除时间下开关柜损坏情况，图 8-2 为开关柜在故障电弧持续时间为 80ms 和 500ms 后受损的图片。

　　2010 年，某供电局某变电站某 10kV 间隔发生弧光短路故障，故障短路电流为 19kA，故障后通过变压器后备保护切除的，故障时间约为 1.62s。其开关柜损坏情况如图 8-3 和图 8-4 所示。

　　以上开关柜图片能清楚地展示出不同故障切除时间后弧光短路对开关柜的影响，80ms 切除故障的开关柜外观上基本无异常，500ms 切除故障开关柜，柜内有一些烧伤痕迹，最明显的如图 8-3 所示，在 1.62s 的故障切除时间，开关柜基本烧坏，柜内到处

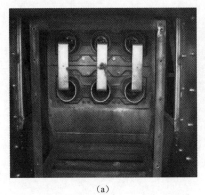

(a)   (b)

图 8-2　开关柜在故障电弧持续时间不同的损坏情况

(a) 故障电弧持续时间 80ms 后开关柜图片；(b) 故障电弧持续时间 500ms 后开关柜图片

都是电弧灼烧的痕迹，图 8-4 为开关小车烧毁图片，开关小车的绝缘材料都熔断，小车基本完全变形。

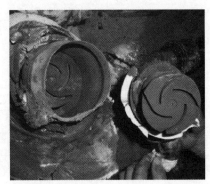

图 8-3　弧光短路后开关柜照片　　　图 8-4　弧光短路后开关柜局部照片

8.2　开关柜内部故障理论解决方案

目前变电站使用弧光保护时一般只在开关柜母线室安装弧光传感器，实现开关柜母线室的快速主保护，按照保护区域划分开关柜的 TA 安装以上部分，包括断路器室和电缆室的一部分均属于母线保护范围，但是目前弧光保护原理采用母线电源点电流突变和电弧光判据实现弧光保护，对于故障发生在 TA 安装以下部分还是以上部分从原理上无法区分，考虑到 TA 安装以下部分发生故障时，可由馈出单元保护装置的电流速断保护实现快速保护，若是按照母线故障处理会扩大停电范围，基于保护选择性考虑，对于开关柜断路器室和电缆室一般不配置弧光传感器，但开关柜断路器室、电缆室设备众多，结构紧凑，往往是故障容易发生部位，存在保护配置死区。

通过合理的配置弧光传感器和设置保护逻辑，可以实现开关柜内部故障整体解决方案。开关柜内部故障整体解决方案以电弧光检测和故障定位为核心技术，在开关柜母线室、开关室及电缆室分别设置弧光检测点，定位故障发生部位，在断路器以下部分发生故障时由本开关跳闸切除故障，断路器以上部分发生故障时切除电源点开关隔离故障，实现无死区的开关柜内部故障快速保护。

开关柜内部故障整体解决方案适用于封闭式开关柜，可以实现开关柜母线室、断路器室及电缆室有选择性弧光保护。

变低开关与馈线开关母线室，母线上其他间隔（TV 柜、隔离柜等）属于母线范畴，每个间隔安装弧光传感器，直接或通过扩展器接入主控单元，如图 8-5 所示母线室 S1 弧光传感器安装。

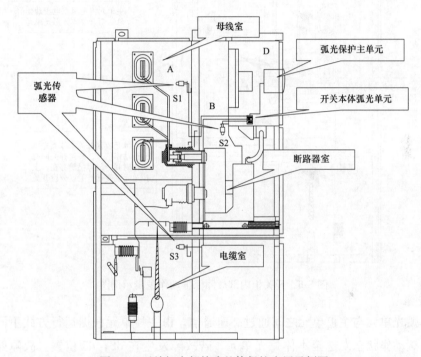

图 8-5　开关柜内部故障整体保护应用示例图

每个具备断路器的开关单元配置一个开关本体弧光单元，该单元可以为弧光保护系统的一个功能模块，也可由独立的装置构成，也可集成在馈出单元保护中，断路器室和电缆室分别安装弧光传感器，接入开关本体弧光单元，如图 8-5 中断路器室 S2、电缆室 S3 弧光传感器安装所示。

考虑到开关柜 TA 安装位置，若故障出现在断路器馈线侧触头与馈线 TA 之间（即馈线柜断路器室、电缆室），馈线 TA 无法采集故障电流，开关本体弧光单元不能够实现弧光保护，开关本体弧光单元与主单元之间可实现双向高速通信，由主单元根据运行方式不同将主变低压侧或分段开关电流判据动作状态信息发送至开关本体弧光单元，电流判据动作门槛和方式由主单元整定。开关本体弧光单元收到电流判据动作状态后与本单元的采集的弧光信息相结合，实现断路器室和电缆室的弧光保护。

图 8-6 为开关柜内部故障保护动作逻辑示意图，主单元采集电源点电流信息，弧光

保护以母线为区域划分逻辑，母线配置的弧光传感器 S1 直接接入主单元，若故障发生在 d1 位置，故障处于母线保护范围，母线室弧光传感器 S1 监测到弧光动作，并且电流判据满足，则主单元根据整定的逻辑，速跳主变低压侧开关或分段开关。

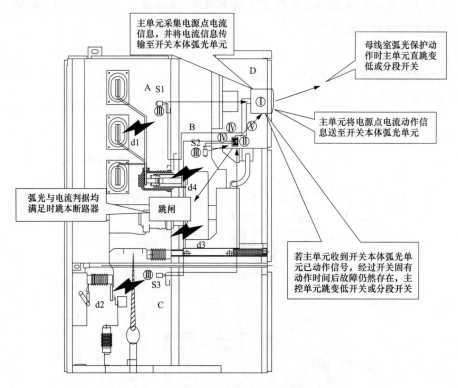

图 8-6　开关柜内部故障保护动作逻辑示例图

本体弧光单元与主控单元之间通过高速通信，由主控单元根据运行方式不同将变低或母联电流动作状态发送至本体弧光单元，若故障发生在 d2，d3 位置，故障处于馈出开关保护范围，当本体弧光单元监测到断路器室弧光传感器 S2 或电缆室弧光传感器 S3 发生弧光，并且电流判据满足情况下，直接跳本开关断路器，在开关跳闸同时本体弧光单元发送故障信号（失灵信号）至弧光主单元。

若故障发生在 d4 位置，故障处于断路器上触头位置，本体弧光单元监测到断路器室弧光传感器 S2 动作后，跳本开关断路器不能够切除故障，若主单元收到本体弧光单元已动作信号，在经过 50~150ms（可整定）后，若本体弧光单元所属区域电源点故障电流信息仍然存在，则主单元根据整定的逻辑，跳主变低压侧开关、分段开关，起到失灵保护作用。

通过主控单元和本体弧光单元的配合实现开关柜内部故障整体快速保护，整个开关柜内部故障无保护死区，并能够选择性的切除故障，缩小系统停电范围。

失灵启动保护由弧光保护动作启动，检测电流元件判断返回，电流元件由相电流、零序电流及负序电流组成，可经过"软压板"分别整定为"投入"或"退出"，失灵启动保护可整定选择是否经过断路器合闸位置闭锁。

图 8-7 为失灵保护动作逻辑。

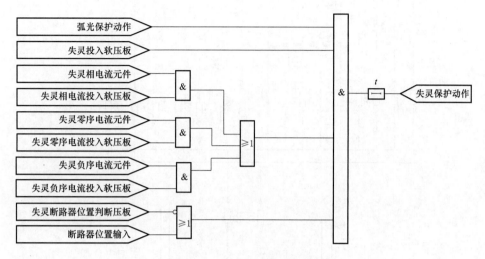

图 8-7 失灵保护动作逻辑

母线弧光失灵保护和馈线弧光失灵保护的逻辑方式基本相同，根据不同应用的需要切除不同的断路器。

8.3 五福变电站 35kV 开关柜弧光实例分析

8.3.1 系统介绍

五福变电站为 220kV 变电站，有两台主变压器，变电总容量 300MVA，220kV 侧接地，35kV 经消弧线圈接地，35kV 并列运行，35kV 为开关柜。

五福变电站 35kV 电气主接线图如图 8-8 所示。

8.3.2 事故经过

五福变电站为 220kV 变电站，有两台主变压器，变电总容量 300MVA，其电气主接线如图 8-8 所示。2007 年 3 月 27 日 21：19 时，五福变电站 1 号主变压器本体重瓦斯保护动作三侧开关跳闸，本体瓦斯继电器内有气体，2 号主变压器中低压复压过流保护动作 302 开关跳闸，母联 312 开关跳闸，电容器 314 开关欠压保护动作跳闸，35kVⅠ、Ⅱ段母线失电。

故障前运行方式如下：

220kV 侧：落福线 253、神福线 258 开关、201 开关带 1 号主变压器、202 开关带 2 号主变压器在Ⅱ母运行，210、110 隔离开关在合位，220、120 隔离开关在分位。

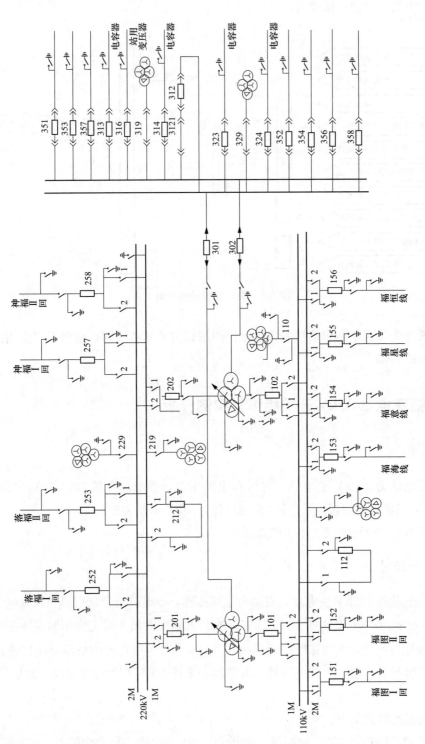

图8-8 五福变电站电气主接线图

110kV 侧：110kV Ⅰ、Ⅱ母经母联 112 开关联络运行，101、福图Ⅰ回 151、福海线 153 开关在Ⅰ母运行，102、福图Ⅱ回 152、福意线 154、福恒线 156 开关在Ⅱ母运行，福星线 155 开关热备用。

35kV 侧：35kV Ⅰ、Ⅱ母线经母联 312 开关联络运行；301、福龙线 353、电容器 314 开关、站用变压器 316 开关带 1 号站用变压器Ⅰ母运行；302、福昕线 354 开关在Ⅱ母运行。顺达站 10kV 111 开关带 2 号站用变压器运行。

故障经过 2007 年 3 月 27 日 21 时 18 分，五福站上传信号："35kV Ⅰ段母线接地，小电流接地选线装置动作"，此时 35kV 母线电压 A 相：0kV、B 相：36.1kV、C 相：36.2kV，1 号主变压器视在功率为 70.65MVA，2 号主变压器视在功率为 71.5MVA。

21 时 19 分，五福站上传信号"1 号主变压器本体轻瓦斯保护动作，1 号主变压器本体重瓦斯保护动作，1 号主变压器复压过流启动"、"2 号主变压器复合电压过流保护动作"。现场检查：1 号主变压器本体重瓦斯保护动作三侧开关跳闸，本体瓦斯继电器内有气体，2 号主变压器中低压过流保护动作 302 开关跳闸，母联 312 开关跳闸，电容器 314 开关欠压保护动作跳闸，35kV 母线失电，35kV 配电室门崩飞，室内着火，有浓烟冒出，355（无出线）开关柜烧损，且后母线三相短路并对开关柜外壳放电烧损，35kV Ⅱ段电压互感器柜烧损。

线路登杆检查发现：353 福龙线（用户线路）3 号直线塔 A 相绝缘子串对铁塔放电。故障后，负荷由 2 号主变压器接替，视在功率为 130.5MVA。

8.3.3　故障原因

故障时的气象情况：强沙尘暴。

由故障现象、保护动作情况以及故障录波分析，事故的基本过程为：353 福龙线 3 号直线塔 A 相绝缘子串对铁塔放电，又因 35kV Ⅱ段电压互感器柜内设备绝缘薄弱，致使 35kV Ⅱ段电压互感器柜内设备绝缘击穿，并迅速发展为相间短路，2 号主变压器复合电压过流保护动作，312、302 开关跳闸，及时地切除 2 号主变压器，但此时，Ⅰ段母线 355 开关（无出线）由于绝缘薄弱再次发生相间短路，1 号主变压器在接近额定电流 4.9 倍的故障电流冲击下，未能承受近端大短路电流连续两次冲击，发生内部放电故障，本体重瓦斯保护动作跳闸。

1、2 号主变压器型号均为 SFPSZ9-15000/220，厂家为济南志友集团股份有限公司，出厂日期：2004.6，投运日期：2004 年 9 月 8 日。

35kV 配电设备、开关均为北京开关电气股份有限公司生产或配套组装。

355 开关型号为 ZN12-40.5，厂家为：北京开关电气股份有限公司，出厂日期：2004.7，至今未投运。

35kV Ⅱ段电压互感器型号为 JDZX16-40.5，厂家为：大连互感器有限公司，出厂日期：2004.6，投运日期：2004 年 9 月 8 日。

故障后试验结果表明，1 号主变压器色谱试验总烃、乙炔超标，电气试验直阻、变比试验项不合格，绕组变形试验显示 35kVA 相绕组有问题，说明 1 号主变压器内部受冲击出现放电性故障。

1 号主变压器吊罩检查外观无异常，但从试验数据结论分析，1 号主变压器需返厂检修。

（1）分析认为故障原因：

1）强沙尘暴天气造成 353 福龙线 3 号直线塔 A 相绝缘子串对铁塔放电，致使 35kV 系统产生间歇性过电压。

2）北京开关电气股份有限公司 35kV 配电设备开关柜绝缘薄弱，不能承受过电压。

3）按照国标要求 220kV 等级的变压器应能承受 8 倍的冲击电流，而此变压器经计算只承受了 4.9 倍的短路电流就发生故障。

（2）暴露问题。

1）35kV 配电设备开关柜绝缘薄弱。

2）主变压器抗短路能力差。

3）由于许多用户停产，线路不运行，主变压器 35kV 消弧线圈容量不匹配，未及时进行调整投运。

4）对运行方式和保护时限的压缩研究不深入。

5）弧光短路故障没有得到足够重视。

（3）防范应急措施。

1）对北京开关电气股份有限公司 35kV 配电设备开关柜在网设备彻底改造或逐步更新技术改造。

2）根据高载能实际需要，适当调整压缩输变电主设备保护时限。

3）合理安排高载能变电站运行方式。

4）尽快验收投运主变压器 35kV 消弧线圈。

5）每年春查按照电气设备交接试验标准，对北京开关电气股份有限公司 35kV 配电柜进行交流耐压试验。

6）尽快对 35kV 开关柜配置快速保护—电弧光保护。

8.3.4　弧光保护装置情况

8.3.4.1　系统配置方案

保护对象是该变电站的 35kVⅠ、Ⅱ段母线。整套系统由主单元、电流辅助单元、辅助单元、弧光传感器和连接电缆组成。在每个开关柜母线室内安装 1 个弧光传感器，在母联断路器和母联隔离车安装 1 个弧光传感器，在母线桥加装 3 个弧光传感器，在 TV 柜内安装 2 个弧光传感器，通过辅助单元把采到的弧光信号传送给主单元。系统配置用于提供过流判据。主单元和辅助单元可安装在进线柜上，辅助单元可安装在馈线柜上。

具体配置方案为：35kVⅠ、Ⅱ段母线采用一套电弧光保护系统，配置主单元一台，电流辅助单元一台，共有 20 面开关柜，配置 26 个探头式弧光传感器，4 个辅助单元，如表 8-1 所示。

表 8-1　　　　　　　　　　五福站电弧光保护系统设备配置

设备名称	数量	备注
主单元	1 个	
弧光传感器辅助单元	4 个	
电流辅助单元	1 个	
弧光传感器	31 个	包括支架，电缆长度根据实际确定，2 个备用
通信电缆	6 根	

当弧光传感器采集到弧光信号同时主单元或辅助单元采集到进线过流信号时（是否投入过流判据可以整定），将启动跳闸继电器跳开进线断路器，同时将动作信号（硬接点）传递给后台监控系统。系统拥有完善的自检功能，能实时在线自检，系统自检告警信息可以在装置上看到，也可通过主单元的告警继电器送到后台。

当任意一段母线出现故障时，都只会跳开该段母线的进线断路器，其他段母线仍会正常运行。在母联开关运行时，跳开故障母线进线断路器和母联断路器。

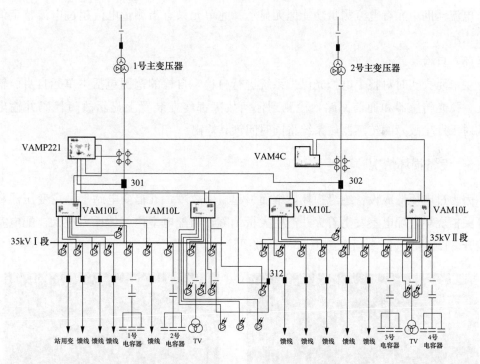

图 8-9　五福变电站 35kV 弧光保护图

8.3.4.2　系统功能

（1）保护功能。

1）电弧光保护。

当检测到弧光信号同时有过流信号时，电弧光保护动作。电弧光保护动作的时间是 (5~7) ms。其中弧光强度检测 1ms，过流判据 1ms，内部机械跳闸继电器出口 (3~5) ms。其中弧光判据的启动条件的光强度超过 8000lux，过流定值以躲过最大负荷电流整定，一次额定电流为：$I = S/1.732 \times U = 150000/(1.732 \times 38.5) = 2249.48A$，TA 变比为 2000A/5A，换算到二次电流为 $i = 2249.48A/400A = 5.6A$，所以过流值取 6A。

2）不平衡电流告警。

不平衡告警的目的是确定测量回路中负荷电流的异常分布。保护完全基于测量相电流的大小。如果检测到的偏差超过 90%，系统在 10s 延时后给出一个不平衡告警信号。此告警不影响电弧光保护系统的其他部分运行。

3）断路器失灵保护。

断路器失灵保护（CBFP）基于动作时间监视。动作时间从跳闸继电器跳闸开始直到其返回来计算。如果动作时间超过 CBFP 的延时时间，启动另一个输出继电器跳闸。

（2）测量。

主单元有三相电流测量功能，用来测量三相电流或者两相电流和零序电流。电流测量在主单元上显示。

电流辅助单元有电流测量功能但无显示。此单元只有当测量电流超过电流整定值才给出指示。

（3）自检。

主单元会实时对整个电弧光保护系统进行自检，自检的范围包括主单元自身、辅助单元、弧光传感器和通信回路，检测到任何故障都将在装置上显示故障代码并输出报警。对于发生故障的传感器，系统将同时闭锁其输出。

8.3.5 设备损坏情况

因为过电压造成设备绝缘损坏，继而引起短路故障，五福变电站 1 号主变压器和部分开关柜烧坏，配电室发生着火并产生大量烟雾，因配电室内气体压力过大，配电室门被爆开。图 8-10～图 8-14 是现场部分事故图片。

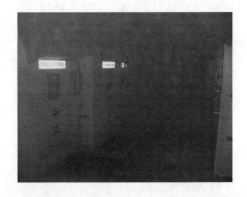

图 8-10 因爆炸而损坏的配电室门　　　图 8-11 配电室内着火并产生大量烟雾

图 8-12 被烧坏的配电柜

图 8-13 被烧坏的配电柜内部

图 8-14 被烧坏的变压器

8.4 一起弧光触电人身死亡事故

据有关媒体报道，2017 年 4 月 19 日，某电力公司 110kV 变电站例行检修工作结束后，变电站值班员在恢复送电倒闸操作过程中，发生一起触电人身死亡事故，造成 1 人死亡。现将有关情况介绍如下，希望各企业要认真吸取教训，采取有针对性的措施，杜绝类似事故发生。

8.4.1 事故经过

2017 年 4 月 19 日，电力公司所属检修分公司负责对某 110kV 变电站的 1 号站用电变压器、3013 开关和 3015 开关进行检修。当天站内值班员为正值班员张某、副值班员张某。按照当天检修计划，检修人员完成 1 号站用电变压器和 3013 开关检修任务后，进行 3015 开关检修。

10 时 44 分，完成 3015 开关检修工作，办理完工作终结手续后，检修人员离开检修现场。10 时 54 分，正值班员张某接到电力调度命令进行"3015 开关由检修转运行"操作。11 时 00 分，张某与张某在高压室完成 3015-1 隔离开关和 3015-2 隔离开关的合闸操作，两人回到主控室后，发现后台计算机监控系统显示 3015-2 隔离开关仍为分闸状态，初步判断为隔离开关没有完全处于合闸状态。两人再次来到 3015 开关柜前，用力将 3015-2 隔离开关手柄向上推动。11 时 03 分，张某左手向左搬动开关柜柜门闭锁手柄，右手用力将开关柜门打开，观察柜内设备。

11 时 06 分，张某身体探入已带电的 3015 开关柜内进行观察，柜内 6kV 带电体对身体放电，引发弧光短路，造成全身瞬间起火燃烧，当场死亡。

8.4.2 事故原因分析

8.4.2.1 直接原因

值班员张某违规进入高压开关柜，遭受 6kV 高压电击。

8.4.2.2 间接原因

（1）本地信号传输系统异常，隔离开关位置信号显示有误。同时采集信号的电力公司生产调度中心、港中变电分公司监控中心显示 3015-2 隔离开关为合入状态，而变电站主控室监控屏显示分断状态。

（2）超出岗位职责，违章进行故障处理。变电站两名值班人员发现 3015-2 隔离开关没有变位指示后，没有执行报告制度，也没有向电力公司生产调度中心进行核实，而是蛮力操纵隔离开关，强力扭开柜门，探头、探身进柜内。违反了《变电站运行规程》（Q/SY DG 1407—2014）中的 4.2.6 "操作过程中遇有故障或异常时，应停止操作，报告调度；遇有疑问时，应询问清楚；待发令人再行许可后再进行操作" 的规定。

（3）3015 开关柜型号老旧，闭锁机构磨损，防护性能下降，在当事人违规强行操作下闭锁失效，柜门被打开。

8.4.2.3 管理原因

（1）《变电站运行规程》条款不完善。《变电站运行规程》"4.2 倒闸操作人员工作的基本要求" 中，缺少运行人员 "针对信号异常情况的确认" 规定。该起事故中，当事人在合闸操作后到主控室监控屏确认隔离开关的分合指示时，二次信号系统传输出现异常，现场隔离开关状态与主控室监控屏显示不符，导致运行人员误判断。

（2）未严格履行工作职责，正值违章操作。正值在进行 3015 开关操作过程中代替副值操作，违反了《变电站运行规程》（Q/SY DG 1407—2014）4.1.1 "……正值班员为监护人，副值班员为操作人……" 的规定。

（3）现场管理存在欠缺。检修现场没有安排人员实施现场安全监督，非检修人员进入现场，现场人员安全护具佩戴不合规。

（4）检修工作组织协调有漏洞。电力公司应在电力例检时，同步开展二次系统检查；检修人员应在送电操作正常完成后，办理验收交接。

（5）安全教育不到位、员工安全意识淡薄。值班人员对高压带电作业危险认识不足，两名当事人在倒闸送电过程，强行打开开关柜柜门，进入开关柜观察处理问题，共同违章。

（6）某公司对事故重视程度不够，"4·19"事故发生后没有及时在公司内通报事故情况，并及时采取相应的防范措施。

8.4.3　防范措施

（1）完善规章制度。修订《变电站运行规程》相应条款，增加刀闸操作后，确认刀闸分合信号状态，并与调度核实是否同步。

（2）全面排查治理习惯性违章。依据相关管理办法、标准和《电力安全工作规程》中的要求，在岗位员工中全方面开展习惯性违章的自查自改和治理工作，要求岗位员工必须深刻剖析习惯性违章行为，做到自身排查与相互监督相结合。同时，各级领导干部要认真履行岗位职责，严格落实、执行安全工作规程的有关要求，强化检查指导，集中力量治理和消除习惯性违章行为。

（3）强化电力制度执行情况的监督考核。加强员工对《电力安全工作规程》《变电站倒闸操作规程》《变电站运行规程》等规章制度的掌握，要求岗位人员在工作中必须严格落实各项制度规定，一旦发现员工在工作中存在违反规定的情况，严格处理。继续排查仍未按相关制度落实执行的环节，立即组织整改，加大执行情况的监督力度，加强运行操作和检修作业的现场监督、检查，加大"两票"及倒闸操作执行情况的考核，确保各项电力制度得到严格执行。

（4）深入开展作业风险排查防控工作。立即组织员工再次对工作所涉及的作业风险进行全面排查，将以往遗漏或未重视的作业风险查找出来，组织骨干人员开展风险评价，制定出可操作性强、切实有效的风险削减控制措施，在工作中严加落实。

（5）组织员工开展事故反思活动。组织各级员工开展此次事故的大反思活动，详细通报事故的经过，以安全经验分享的形式来警示员工，使员工深刻认识到严格执行《倒闸操作规程》的重要性和必要性，时刻绷紧安全这根弦。同时，要举一反三，深刻吸取此次事故的深刻教训，还要加强员工专业知识和安全技能的培养锻炼，杜绝各类安全事故的发生。

8.4.4　相关要求

（1）系统各企业要认真汲取事故教训，加强两票执行过程中的动态检查，及时发现和纠正违章行为。工作负责人（监护人）必须按照《电力安全工作规程》要求严格履行监护责任，监督被监护人员执行安规和现场安全措施，及时纠正不安全行为，确保作业安全。

（2）严格执行《电业安全工作规程》，切实做好电气设备停电检修的安全措施，电气作业前要严格执行验电措施。加强员工安全技能的培训力度，全面提高安全意识和防范能力，避免因必要的安全技能缺乏而无知、无畏，引发事故。进行电气作业必须穿绝缘鞋（靴），佩戴合格的个人防护用品。

（3）严格按照国家能源局《防止电力生产重大事故二十五项重点要求》，全面排查治理电气设备"五防"装置存在的隐患，确保高压开关柜"五防"功能齐全、性能良好。

8.4.5　事故现场图片

事故图片如 8-15 所示。

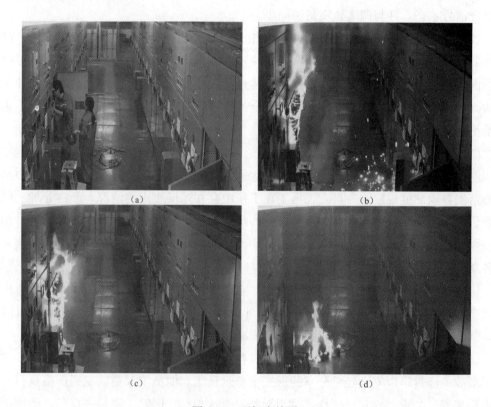

图 8-15　现场事故图

8.5　一起电缆故障引发母线弧光短路的分析处理

8.5.1　事故经过

8.5.1.1　供电方式

本案例配电变压器容量为 315kVA，二次侧 0.4kV 经电缆线引入低压进线柜，经 DW15/1600 总开关接入低压母线段，总开关设有速断保护、过负荷保护等。

故障线路是由低压配电柜的一个 DZ-100 空气开关（以下简称开关）经地埋电缆向 3

号仓库配电箱供电，供电系统图如图 8-16 所示。

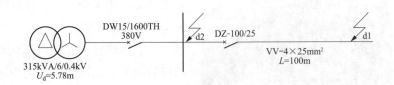

图 8-16　供电系统图

8.5.1.2　事发经过及现象

2015 年 2 月 27 日接到公司 3 号仓库没有电的报告，派检修人员前去检查处理。检修人员对 3 号仓库用电情况查无异常，返回到配电室发现给 3 号仓库供电的开关是在跳闸状态，随即合闸送电，但合闸即跳，然后将 3 号仓库中的总开关拉开，对来自配电室的主电缆线用 500V 摇表进行绝缘检查，结果是：相间及对地绝缘均大于 0.5MΩ，满足绝缘最低要求，但有不稳定摆动现象（0.6～0.8MΩ）。

检修人员认为故障可能出在用电设备上，因此将 3 号仓库的用电负荷全部拉开，然后手机通知在配电室等候检修人员再次合闸送电。

因为操作者不知道故障是否排除，所以手持 1m 长绝缘木棒对开关进行远距离躲避性合闸，不料在合闸瞬间一声巨响，门外的监护人亲眼看见了惊人的一幕，操作者瞬间被弧光包围，喷射出的爆燃物及金属颗粒四处飞溅，距开关柜 2m 远的墙壁也被喷射的乌黑，地面到处都是喷溅的金属渣，相邻的 4 个空气开关烧焦报废，接引铜排和水平铜排熔化。

在强大母线短路电流的作用下，开关柜总进线 DW15/1600TH 380V 开关速断动作跳闸，燃烧的弧光团熄灭。操作人员面部严重烧伤，由于戴着护目镜仅造成短时失明。事故现场如图 8-17 所示。

图 8-17　事故现场图

8.5.2　故障原因

8.5.2.1　故障检查

（1）故障发生后，用 500V 绝缘电阻表对 3 号仓库主电缆进行绝缘检查，发现相间及对地绝缘在 0～0.1MΩ 之间变化，确认电缆已经短路，而且短路状态很不稳定。

经过反复查找，短路点位于配电室约 100m（电缆长度）处的厂区道路段，挖出电缆发现，由于车辆反复重压使电缆外防护管及绝缘层破坏，恰巧赶上近期的一次降雨，在电缆的破损处发生了短路，电缆已被烧断，线芯之间严重碳化。

事故之前检查三相绝缘均大于 0.5MΩ 而事故后则变成了 0MΩ，说明短路点处在不稳定状态（时好时坏），导致配电室的开关 DZ-100 跳闸停电。

（2）拆解开关发现内部焦黑不堪，三相极间隔板碳化严重，说明电缆三相短路使开关内部发生过瞬间电弧燃烧，但动、静触头并没有明显烧熔痕迹，虽然绝缘部分碳化严重，但是内部并没有发生相间短路现象，开关内部烧损情况如图 8-18 所示。

图 8-18　开关内部烧损情况图

8.5.2.2　对故障开关的分析

（1）从开关的分断容量分析。

$$变压器电抗：X_T = \frac{U_K\%}{100} \times \frac{U_R^2}{S_R} = \frac{U_K\%}{100} \times \frac{400^2}{S_R} \tag{8-1}$$

$$= 1600 \times \frac{5.78}{315} = 29.36\text{m}\Omega$$

$$电缆电阻：R_L = \rho\frac{L}{S} = 22.5 \times \frac{L}{S} \tag{8-2}$$

$$= 22.5 \times \frac{100}{25} = 90\text{m}\Omega$$

$$短路电流：I_K = \frac{400}{\sqrt{3} \times \sqrt{R_L^2 + X_T^2}} \tag{8-3}$$

$$= \frac{400}{\sqrt{3} \times \sqrt{90^2 + 29.36^2}} \times 2.44\text{kA}$$

根据三相短路电流有效值的计算，设系统容量为无穷大，简化计算可忽略系统、母线、开关等阻抗。则：开关 DZ-100 的极限分断电流是 $I_{CN} = 18\text{kA}$，从短路电流计算结果看 $I_K = 2.44\text{kA} < 18\text{kA}$，开关的分断能力可以满足要求，开关被烧坏一定另有原因。

（2）从开关内部分析。

国外一些发达国家很早就规定了触头最小开距：额定低压在 125V 以上为 5mm，（300～600）V 为 6mm，实测故障开关触头的开距为 6mm 满足要求，仔细观察发现动、静触头并没有明显烧损痕迹，说明动、静触头之间不存在持续电弧，否则会将触头熔化。

电弧虽然产生在触头之间，但是远在触头来得及完全分开以前，灭弧磁场已将其从触头间隙中排出，就故障开关触头的 6mm 开距而言不会影响电弧的熄灭过程。

分析认为：当开关带着短路点 d1 合闸时如图 8-19 所示，开关的短路（电磁保护）

保护动作将已经闭合的触头立刻分开，故障电流在动、静触头之间产生的故障电弧会比正常电弧大许多倍，因此短路电流在电弧通道周围产生的强磁场作用下，将此电弧通过灭弧缝隙从开关上部排气栅孔（带孔的电木板）快速喷出，因为电弧在动、静触头之间燃烧时间极短，所以触头无明显损伤。

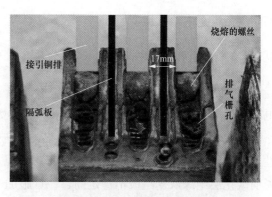

图 8-19　开关内部喷出的电弧在外部形成电弧短路烧损情况

（3）从开关外部分析。

在事故前几天刚做完设备吹扫工作，开关外部存在金属性杂物短路的可能性不大，开关上端短路是由于带故障合闸才发生的，说明与被操作的开关有一定关系。

经过反复检查对比其他同类型开关，发现原本配置的相间隔弧板没有安装，而且这种现象低压配电柜普遍存在，原因是：妨碍卫生清扫，一旦碰掉了也无人恢复。由于缺少相间隔弧板而导致短路故障的概率并不高，因此被认为是多余的配置，所以不被重视。

据现场统计，100A 以下的空气开关有 500 多个，应该配置相间隔弧板的有 98% 都没有按要求安装，可见不被重视的程度。

开关上端隔弧板按规定必须装配好。相间隔弧板是防止开关上端相间电弧短路的重要屏障，电源端子及接引铜排相间距离只有 17mm 如图 8-19 所示。

当电缆存在三相短路时，如果带故障合闸开关触头之间就会形成强烈电弧，此电弧从开关排气栅孔同时喷出的三束导电电弧（飞弧）将三相接线螺丝和接引裸铜排连为一体形成相间电弧短路，接线螺丝烧熔情况如图 8-19 所示。

因为三相短路电流周期不可能同时过零点，所以持续燃烧无法熄灭，迅速向上扩展将上部相距 70mm 处的水平裸母线排包围其中，进而发展成更强烈的爆燃性弧光团短路点。

（4）开关缺少相间隔弧板与电弧短路的关系。

开关普遍存在相间隔弧板缺失问题，为何没有频繁出现开关电弧短路现象呢？

1）当线路发生单相接地或两相短路时，相对三相短路电流要小得多，开关触头之间形成的电弧相对较弱，电弧受到短路电流产生的电动力作用也小，电弧经过灭弧栅片会完全被吸收，因此在开关上端电源端子之间就不会发生电弧短路，如果短路不严重时就会出现合闸即跳的现象而不会将故障扩大。

2）当距离电源较近时产生的三相短路电流较大才有可能引发电弧溢出开关壳外现象，且电缆发生三相短路的概率并不高。

3）与开关的结构有关，特别是那些排气栅孔距离开关接线螺丝较近的，更容易发生外部电弧短路。

就上述三点原因，因为开关相间隔弧板缺失而造成的电弧短路属小概率事件，所以相间隔弧板是不被重视的原因所在。

8.5.2.3　电缆短路是事故的直接原因

3号仓库停电，是因为电缆绝缘层遭外力破坏短路导致跳闸。虽然送电前经过绝缘电阻测量大于 0.5MΩ 已达到送电要求，但读数有不稳定摆动现象，说明经过前两次短路跳闸后，电缆被烧断的横截面上线芯之间被碳化层覆盖，其绝缘电阻存在着不稳定性，在这种情况下绝缘电阻虽然大于 0.5MΩ，但存在不稳定摆动现象（0.6～0.8）MΩ，说明碳化层绝缘恢复是极不稳定的，一旦施加工频电压，绝缘就会消失。

绝缘恢复程度受到碳化轻重、干燥程度等多种因素影响，教训告诉我们，不稳定的绝缘是不可信的，一定存在着没有被发现的隐患，由于没有真正排除隐患就合闸送电，由于不重视开关相间隔弧板的安装和使用，所以最终发生弧光短路伤人是必然的，如果有一个环节得到重视也不会发生此类事故。

8.5.3　处理结果及防范措施

配电柜顶部主母线保留，烧毁的开关、母线、接引铜排等全部拆除更换，将碳化层用汽油清洗，并喷漆处理，按开关柜配置恢复其原样。

防范措施：低压开关电源侧必须保证相间隔弧板齐全，完善母线（包括开关接引裸铜排）外绝缘防护，必须彻底排除短路故障后才能合闸送电。

血的教训告诉我们电气设备检修维护工作要认真做好每一个环节，不能存侥幸心理，图一时方便，最终酿成安全大患。

8.5.4　事故结论

综合以上分析，事故的直接原因是电缆外防护管及绝缘层被破坏导致电缆短路引起的。

操作中带短路故障合闸送电，使开关内部产生强烈电弧，在短路电流形成的强磁场作用下，通过开关排气栅孔将三束导电电弧喷出开关外部，在开关上端发生三相电弧短路并引燃了接引裸母线排，造成了更大的母线弧光短路，开关上端相间隔弧板没有安装或丢失，才是造成母线爆燃性弧光短路，烧毁设备及人员烧伤事故的主要原因。

8.6　某电厂"8·25"人身轻伤及机组跳闸事故分析处理

8.6.1　事故概况

事件名称：6kV 1A 段工作电源进线开关（1BBA02）弧光短路致两人受伤，1号机组停运事件。

发生时间：2017 年 08 月 25 日 15 时 49 分

事件发生前状态：2017 年 8 月 25 日 14：36 临河 1 号机组启动过程中，负荷 54MW 暖机，厂用电由启备变接带；2 号机组正常运行，负荷 300MW，厂用电自带；3 号机组正常运行，负荷 169MW，厂用电自带；启备变作为 2 号、3 号机组备用电源。

8.6.2 事件经过

8.6.2.1 两名人员受伤，1 号机组跳闸过程

8 月 25 日 14：36 临河 1 号机组并网带初负荷 54MW 暖机，15：40 值长安排电气值班员常××、王××将 6kV 1A、1B 段工作电源进线开关由冷备转热备。15：49 常××、王××操作 6kV 1A 段工作电源进线开关（1BBA02）从试验位置至工作位置过程中，该开关上下触头均发生三相弧光短路造成两人受伤，1 号机组跳闸。15：49：42 1 号高厂变 A 分支速断保护动作、15：49：42 1 号高厂变 A 分支复压过流保护动作后故障未切除（开关本体故障无法切除），15：49：43 高压侧复压过流保护出口动作于全停，1 号发电机跳闸、汽轮机跳闸、锅炉 MFT 动作。1BBA02 开关弧光短路造成 6kV 1A 段母线备用分支接地，15：49：45 启备变低压侧 A 分支零序保护动作出口，跳开启备变高低压侧开关，6kV 1A、1B 段母线失电。

15：49 直流润滑油泵、直流密封油泵联启正常；空压机房 MCC 失电，空压机全部跳闸，输煤系统程控失电，脱硫 6kV A 段母线失电。15：50 1 号机组柴油发电机联启正常，保安 PC 1A、1B 段母线带电正常，交流润滑油泵、交流密封油泵联启正常，15：51 打开真空破坏阀。15：54 汽轮机转速 1900r/min，1A 顶轴油泵联启正常。16：41 1 号汽轮机转速到零，盘车投运正常。

8.6.2.2 后续处理

8 月 25 日 16：01 恢复空压机房 MCC 供电，就地启动 6～9 号空压机运行正常；16：08 退出 2 号机 AGC，降负荷至 170MW；3 号机联系铝厂降负荷至 120MW；16：10 恢复输煤程控供电，2、3 号炉恢复上煤；16：41 将 01 号启备变转检修；19：50 将 1 号发变组转检修。

8 月 26 日 00：38 1 号发电机开始二氧化碳置换氢气；02：00 将 1 号机 6kV A、B 段备用分支进线软连接拆除，加装绝缘隔板，清理封闭母线，测 01 号启备变绝缘合格，03：42 将 01 号启备变由检修转运行，恢复启备变作为 2、3 号机组热备用电源；05：58 加装 2 号机保安 PC B 段至 1 号机保安 PC A 段临时电源线，作为 1 号机组应急备用电源。

8.6.3 原因分析和损伤情况

8.6.3.1 原因分析

（1）直接原因：临河分公司 1 号机组 6kV 配电室 1A 母线工作电源进线开关 B 相真

空包泄漏，人员操作送电时，开关由冷备转热备过程中发生 B 相真空包击穿，最终发展为三相弧光短路故障。

（2）间接原因：临河发电分公司未按行业标准要求的预试周期开展电气预防试验，该开关自投运以来仅在 2013 年 3 月 19 日进行过耐压试验，未能及时发现该开关存在问题。

8.6.3.2 人身伤害和设备损坏情况

（1）人身伤害情况：常××手臂等处有约 10％面积灼伤，王××锁骨骨折。

（2）1 号机组 6kV 配电室 1A 段母线工作电源进线开关烧损，如图 8-20 和图 8-21 所示。

图 8-20　1 号机组 6kV 1A 段母线工作
电源进线开关（1BBA02）下触头　　　　图 8-21　1 号机组 6kV 1A 段母线工作
　　　　　　　　　　　　　　　　　　电源进线开关（1BBA02）本体

8.6.4　分析和整改措施

8.6.4.1　预控性分析

（1）有针对性对技术规程、技术标准进行修编，按标准要求对开关进行预防性试验。

（2）对受故障冲击的电气设备进行全面检查、试验。

8.6.4.2　不符合项

（1）某电厂电气设备预防试验工作计划漏项，未编制完整的年度电气试验计划，本次 1 号机组停机检修未安排重要开关预防试验项目。

（2）某电厂机组停机检修项目策划不足，立项内容未结合技术监督和行业标准要求开展有关检修试验项目。

（3）某电厂电气检修工艺规程采用《交流高压电气设备试验规程（2010 版）》规定 6kV 开关 6 年一次耐压试验，试验周期不满足 DL/T 596《电力设备预防性试验规程》规定的 1～3 年要求。同时，耐压试验电压偏低，对可能暴露的绝缘薄弱部位未能及时发现。

（4）临河发电未能按照"举一反三"的要求开展技术监督不符合项整改。

8.6.4.3 纠正措施

（1）某公司应立即组织开展电气预试工作开展情况专项检查。

（2）根据相关行业标准，结合现场设备实际情况制定合理的年度电气预试计划，将年度试验计划逐项分解到月度，明确责任人。

（3）组织对使用的技术标准、技术规程进行修编，不得违反国家或行业标准，若标准存在冲突的情况，按最严的标准执行。

（4）与制造厂配合，针对现场断路器真空包泄漏问题开展深层次分析检查，确认是否存在共性问题。

（5）对历次安全检查与技术监督检查提出问题的整改引起重视，实行闭环反馈。

8.6.4.4 责任分析与落实

本次事件为1号机组6kV 1A段母线工作电源进线开关真空包泄漏导致三相弧光短路故障，是由于未规范开展预防性试验耐压项目，从而未及时发现该开关真空包泄漏导致。严格按行业标准要求开展电气设备预防性试验工作，严格执行技术监督检查提出问题的整改闭环。

9

电弧光保护作为母线主保护在中低压开关柜的应用

6kV（10kV）厂用/配电中压开关柜为全厂辅机/供电系统的供电枢纽。在发生内部故障时，是否能迅速地切除故障，对全厂/配电系统的安全运行至关重要。但是，按目前的保护方案：中压母线尚没有配置任何专门的保护；而是由进线开关的相关后备保护来兼顾的。但是进线开关与出线开关的保护需要相互配合：一般速断保护延时的级差至少为 300ms，甚至 500ms；而过流保护的配合级差更是长达 1～2s。所以，厂用/配电系统中压母线上所发生的任何故障都至少要延时切除。换句话说，现有的厂用中压母线能在第一时间切除故障的保护还是个空白。鉴于中压母线的重要地位，任何故障的延时切除，都是我们极为不愿意看到的状况。因为开关柜内的各种故障，其短路电流所产生的电弧及其大量的高温，使柜内气体急剧膨胀，可在极短的时间内达到顶峰，严重危及人身和设备安全。针对国内现有的厂用和配电中压母线保护配置的现状，非常有必要增设快速保护，以降低对开关柜的损害，减小对变压器低压侧的绝缘冲击，延长变压器使用寿命并有效保障人身安全。

（1）电弧光保护技术及其背景。

在中低压配电柜系统中，电弧光保护装置的发展和使用始于 20 世纪 80 年代末或 90 年代初。于 2004 年该电弧光保护技术作为一种独立的保护被引入中国市场。接下来是国内外电弧光保护技术背景和发展的综述。

1）欧洲和美国相关的电弧光保护标准。

自从 1890 年电力网开始发展以来，中低压开关柜的电弧故障一直是电力保护工程师主要关心的问题之一。因电弧故障对操作运行人员的人身安全造成严重威胁，以及严重损坏电力设施，欧洲 IEC 标准委员会于 1981 年修订了相关标准 IEC 60298。该标准描述了电弧产生的原因，测量及检验流程。作为 IEEE 成员之一的 Ralph Lee 于 1987 年对中低压开关柜内的电弧进行了全面的研究，为 80 年代末电弧光保护发展奠定了理论基础。同年，美国 IEEE 和加拿大 EEMAC 也针对中低压开关柜金属封闭开关设备和控制设备出版了相应的标准，其中包含了电弧光故障的预防。至 2003 年，IEC62271-200[5] 代替 IEC60298 作为中低压开关柜开关设备和控制设备的新标准，包含了更多对于电弧故障预防的限制措施。2004 年，美国消防协会（NFPA）发布了一个标准作为国家电气规程（NEC）的一部分来进一步规定中低压开关柜的运行安全和因电弧故障引起的火灾预防。

2）中国相关的电弧光保护标准。

从 20 世纪 30 年代开始，许多发达国家便逐渐开始将阻抗型母线差动保护方案作为中低压母线主保护。但是，在国内几乎没有针对中低压母线主保护的方案。可能的主要原因有：①母差保护方案设计、整定值计算、安装调试、运行维护太过复杂；②对于早期电网运行而言，比起人身安全可能更注重系统稳定；③国家电气保护设计规程[7]针对继电保护和电气控制装置并没有提出在中低压开关柜强制加装母线主保护的要求。在国内，电弧光保护技术经过 10 多年推广应用，在 2014 年国家标准化管理委员会（SAC）和中国电力企业联合会（CEC）分别组建专家工作组来起草和编写电弧光保护装置的相应国家标准和电力行业标准草案。经过两年的编写和讨论，电弧光保护装置的国家标准 GB/T 14598.302—2016《弧光保护装置技术要求》和行业标准 DL/T 1504—2016《弧光保护装置通用技术条件》分别于 2016 年 9 月 1 日和 2016 年 6 月 1 日正式颁布和实施。国家标准和电力行业标准分别对弧光保护装置的技术要求、试验方法、检验规则、应用范围和配置及整定原则等内容作了定义和规范，这对电力生产运行中的人身安全及中低压配电开关设备安全可靠性来说无疑是一大进步。

　　3）电弧光保护原理。

　　电弧光保护的原理如图 9-1 所示，它的动作判断据为故障时产生的两个条件，即弧光和电流增量。当同时检测到弧光和电流增量时系统发出跳闸指令，当仅检测到弧光或者电流增量时发出报警信号，而不会发出跳闸指令。

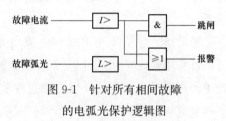

图 9-1　针对所有相间故障的电弧光保护逻辑图

　　针对各种不同的中性点接地方式，图 9-2 中所示的电弧光保护逻辑图更加全面，可供进一步研究和应用。

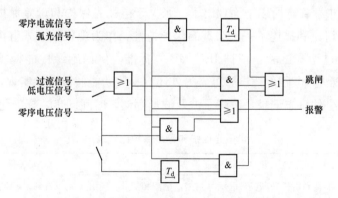

图 9-2　综合全面的电弧光保护逻辑图

　　在我国，对于中性点不接地系统和经消弧线圈接地系统来说，当母线发生相对地故障后，由于故障电流小且三相间的线电压基本保持不变，故考虑到供电可靠性仍然允许运行 2h 进行带电故障检测，但需在此期间及时切除故障。因此，针对这种应用弧光保护装置增加零序电压作为辅助判据。当同时检测到弧光和零序电压增量时，如果运行时间不足 2h，则装置仅发出报警信号；如果运行时间超过 2h，则直接发出跳闸指令。

在我国一些大城市，例如北京，配电系统多以电缆线路为主，因此采用中性点经电阻接地方式。当母线发生相对地故障后，应及时跳闸。相对于中性点直接接地系统，此系统的故障电流较小，因此建议采用零序电流作为辅助判据。当同时检测到弧光和零序电流增量时，系统可直接发出跳闸指令或根据设计要求延时后发出跳闸指令。

此外，若相电流增量较小不宜采集，弧光保护装置也可以采用低电压作为辅助判据。当弧光保护装置同时检测到弧光和低电压信号时系统发出跳闸指令，当仅检测到弧光或者低电压时发出报警信号。

4）电弧光保护系统的组成及性能。

电弧光保护系统主要由主控单元、辅助单元和弧光传感器几部分组成。

主控单元用于管理、控制整套电弧光保护系统。它检测弧光和电流增量信号，并对收到的两种信号进行处理、判断。在满足跳闸条件时，发出跳闸指令以切除故障。主控单元的跳闸及报警信号逻辑编程极易操作，可根据不同母线结构和运行方式选择跳闸逻辑。此外主控单元根据弧光传感器或弧光单元输入的信号，能准确的判断和显示故障点位置。

辅助单元包括弧光单元和电流单元等。当主控单元的弧光输入路数小于实际需求时，可使用弧光单元进行扩展。弧光传感器先将检测到的弧光信号传输到弧光单元，弧光单元再通过光纤将信号反馈给主控单元。电流单元用于检测三相电流信号，A、B、C三相电流均可检测。弧光传感器一般选用无源透镜式传感器，主要安装在开关柜内。

5）电弧光保护与母线差动保护的比较

电弧光保护是否可以作为一种母线主保护，来替代传统的母差保护？因为有这种问题会在我们脑海中存在，所以下面列出了一张关于电弧光保护和母差保护的比较表（见表9-1）。该表中讨论和描述了一些关键的保护特性。作为现代数字式继电保护，所有保护装置都需要通过型式试验，依据 IEC/GB 等标准，例如绝缘性能检验，环境试验和EMC/EMI 电磁兼容/电磁干扰试验等。另外还有一些功能假设可以实现，就不在下列表格中讨论了，如事件日志记录，故障录波及波形存储，时间同步，标准化通讯协议等。

表 9-1　　　　　　　电弧光保护和母差保护比较表

	电弧光保护	母差保护
原理	利用弧光/电流/电压等判据，检测相对相故障和相对地故障	利用差动电流判据，检测相对相和相对地故障
动作速度	在 $2I_n$ 时，典型动作时间小于15ms；在无电流/电压判据时，典型动作时间小于 8ms	在 $2I_n$ 时，典型动作时间在 20～45ms 之间
稳定性	由于电弧光保护工作原理的特殊性，使得其在电流/电压设定值很低的情况下也能保证稳定性	在区外故障发生时必须保持稳定性；复杂的数值运算；不应误动
选择性	可以选择性跳开同一区域内的某些或全部馈线断路器，进线断路器，其他断路器等；具有断路器失灵保护	总是跳开同一区域内的全部断路器；具有断路器失灵保护

续表

	电弧光保护	母差保护
灵活性	可变的逻辑编程适用于各种接线和运行方式； 可包含全部的开关柜和断路器安装	根据母线保护设备和管理的设计，保护有限数量的主控和区域
可靠性	采用无源式弧光传感器，并在保护装置之间采用全光纤连接及通信，传输光信号，没有电磁干扰；具有故障定位功能	主单元和辅助单元间采用铜绞线连接，传输电流信号，抗电磁干扰能力相对较差；不具备故障定位功能
其他功能	弧光保护装置特别适用于主母线没有安装保护的中低压开关柜改装项目；弧光保护设备可以加装到已经存在的开关柜中，且不影响现有保护的设计；系统性价比优	对于已经存在的开关柜几乎不可能增加母差保护装置；需要额外安装专用保护级电流互感器；系统价格相对较高

6）在国内中低压开关变电站推荐使用的电弧光保护的主要原因。

如下是在中低压开关变电站推荐安装或改装弧光保护作为主母线保护的主要原因：

① 最大程度降低和（或）避免中低压开关柜内的弧光故障对人身安全的伤害或损害。

② 最大程度降低和（或）避免弧光故障对中低压开关柜的损害和毁坏。

③ 安装弧光保护后，在母线发生弧光故障时可以快速跳闸，故能够减少对功率变压器二次绕组的绝缘损坏。

④ 清除母线故障后产品可以快速恢复运行，故能够将间接成本的损失减小到最少。

（2）电弧光保护在不同中性点非有效接地系统中的应用。

1）中性点不接地系统。

在我国绝大多数的中低压配电系统是中性点不接地系统，这种接地处理方式允许系统在发生单相接地故障时继续供电 2h。而 80% 的中低压开关柜母线故障起初都是相对地故障，并且迅速发展为相对相故障，故目前安装的弧光保护装置只能对开关间隔中发生的相位间故障进行探测和操作。为了更早地探测到相地间故障，零序电压被考虑为一种探测依据。需要进一步的研究和测试表明在母线发生相对地故障后增加早期告警功能，可以使在相对地故障延时 2h 后且发展为相对相故障前清除故障。

2）中性点经电抗（消弧线圈）接地系统。

在我国也有很多中低压配电系统安装消弧线圈（即在中性点装设变压器）以限制故障电流，从而消除接地处的电弧。与中性点不接地系统情况相同，安装的弧光保护装置只能对开关间隔中发生的相位间故障进行探测和操作。所以类似地，在母线发生相对地故障且在 2h 允许运行时间内，增加零序电压判据报警提示。

3）中性点经电阻接地系统。

随着中国城市化进程的快速发展，越来越多的大城市，例如北京、上海等，也开始考虑使用中性点经电阻接地系统。这种方式可以检测出接地故障并立即跳闸或者一段延时之后跳闸。由于此接地方式取决于电阻值的选取，所以故障电流可以被控制在一定范围内。这种情况下，对于灵敏性接地故障（SEF）和/或零序电压接地故障的检测，可以考虑利用电流和/或电压作为弧光保护的判据，用以检测母线相对地故障以及故障时跳开进线断路器开关。

（3）电弧光保护在不同接线方式配电系统中的应用。

1）双进线单母分段供电示例。

双进线单母分段供电方式常见于 220/35kV，110/10kV 和 35/10kV 变电站。图 9-3 是双进线单母分段弧光保护应用配置图。

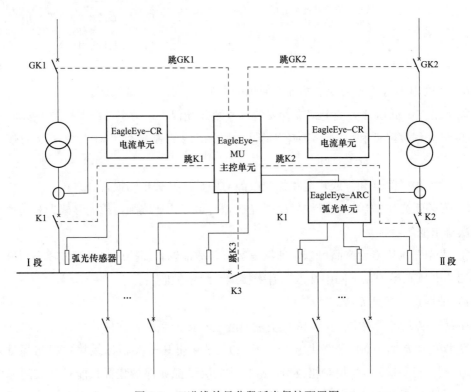

图 9-3　双进线单母分段弧光保护配置图

需要注意的是，经常有其他电源系统例如小型水电站，可能与变电站的出线柜相连倒送电。这种情况下，也需要采集相应出线柜的电流信号，一旦母线发生弧光故障，则同时跳开出线柜断路器开关，以便完全切除故障。

2）双进线单母线（无分段）供电示例。

双进线单母线（无分段）供电方式常见于火力或天然气发电厂。图 9-4 是相应的弧光保护应用配置图。

3）单母分段（三段或多段母线）供电示例。

单母分段（三段或多段母线）供电方式常见于水电站，其优点是更安全的保证电源供电。如果有一段母线电源发生故障，其他两段母线可以作为备用供电。外来电源也需要检测电流信号。图 9-5 是相应的弧光保护应用配置图。

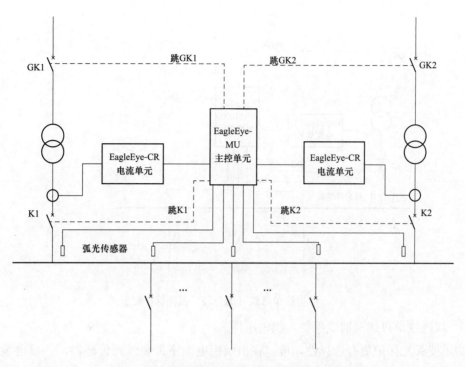

图 9-4 双进线单母线（无分段）弧光保护配置图

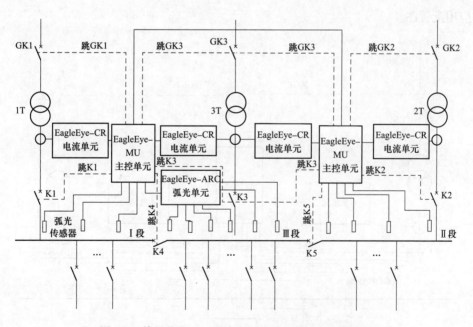

图 9-5 单母分段（三段或多段母线）弧光保护配置图

4）单进线单母线（无分段）供电示例。

单进线单母线（无分段）供电方式常见于风电场和/或光伏电站。图 9-6 是相应的弧光保护应用配置图。

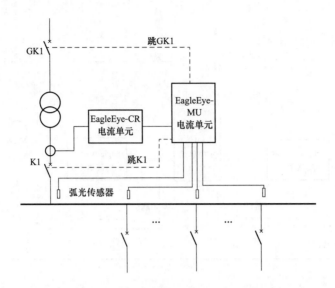

图 9-6　单进线单母线（无分段）弧光保护配置图

5）双进线单母线（馈线保护）供电示例。

为了使弧光保护更有选择性，可以在出线柜电缆室加装弧光传感器。一旦电缆室发生弧光故障，可以先跳开本柜断路器开关。如果开关柜其他室仍然有弧光存在，同时检测到电流超过整定值，则再跳开进线断路器开关，以便消除故障。图 9-7 是相应的弧光保护应用配置图。

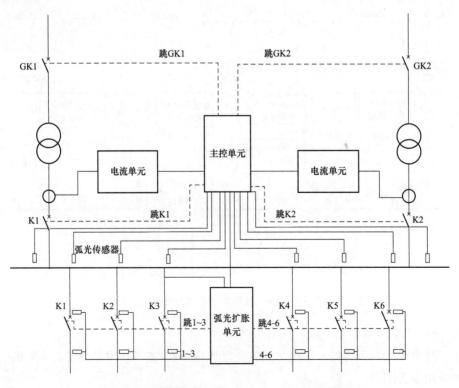

图 9-7　双进线单母线（馈线保护）弧光保护配置图

6）双母分段供电示例。

弧光保护有一种特别的应用即用于双母分段供电系统。铁路线路上的变电所就是采用双母分段供电系统。图 9-8 是相应的弧光保护应用配置图。

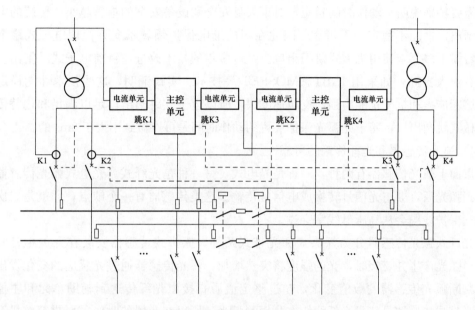

图 9-8　双母分段弧光保护配置图

（4）应用中的关键要素。

1）TA 和 TV 的选型。

在大多数情况下，弧光保护装置和其他保护装置（例如过流和/或接地故障保护装置）一样，采集的是现存的和/或常用的保护级 TA。可以与现有的馈线保护装置串联连接。如今 TA 的负载可以承受现代数字继电器，但当 TA 到保护装置的线缆很长时，装置和线缆的整体负载需要被评估和检查。有些时候，例如故障电流很小的时候，检测开口三角形接线方式下 TV 的不平衡零序电压很有必要。

2）电流和弧光整定值的推荐。

在技术要求更为严格的电力行业标准里，弧光动作门槛值范围是（5~20）kLux 或（1~10）mW/cm^2，误差不超过±20%；电流整定值范围是（0.1~20）I_n，误差不大于±5%或 0.04I_n。

但是，在实际应用中比如变电站，电流整定值一般推荐设定为变压器二次侧额定电流的 1.2~1.3 倍。如果有出线柜与电动机相连，那么电流整定值的设定应该考虑大于电动机启动的最大值。

光照度的设定一般取决于弧光传感器的灵敏度和现场光照条件，电力行业标准里的要求值相对通用，经验告诉我们弧光整定值设置在 20~40klux 之间更为合适。

3）动作时间。

弧光保护装置可以是单一的弧光信号判据和基于弧光信号和电流信号的综合判据。

在单一的弧光信号判据条件下，装置动作时间要求不大于 10ms。具体的动作时间，主要由装置本身所采用的出口继电器类型决定。而在基于弧光信号和电流信号的综合判据条件下，当电流整定值为 2 倍额定电流时，装置动作时间要求不大于 20ms。

需要特别说明，动作时间越短，对于人身安全和设备安全的损害越小。传统的电子式跳闸出口性能不稳定、不可靠，因此在国内继电保护领域不允许使用电子式跳闸出口，习惯上多要求使用机械式跳闸出口。经过多年的技术改进，目前电子式跳闸出口的性能有很大提高，如采用 IGBT、MOSFET 等技术。实践证明，这些技术性能稳定可靠，熔断能力和抗干扰能力强，反应速度快，所以电子式跳闸出口足以满足和代替传统的机械式跳闸出口，基于此弧光保护装置的动作时间是可以做到不大于 3ms 的。

4）弧光传感器和光纤传输的可靠性。

市面上弧光传感器有两种，一种是光电式，另一种是光纤式。光电式弧光传感器当检测到弧光后，会将光信号转换成电信号传输。这类传感器有一个缺点，那就是二次低压电气保护线缆会从高压母线室穿过。

光纤式弧光传感器分为探头式和光带式两种。探头式传感器安装在开关柜各间隔室，当弧光产生并燃烧时，光的强度将突然增加，弧光传感器通过光感应的变化发出信息，判断弧光传感器的数值变化，超过整定值后直接由光纤传送到辅助单元和主控单元。光带式传感器是依靠光纤线缆本身探测弧光，所以在布置的时候需要贯穿整排开关柜母线室，以便监测弧光。探头式弧光传感器的优点是便于故障定位并且具有抗电磁干扰能力。光带式弧光传感器的性价比比较高，但是对于故障定位来说比较困难，除非是用隔离的方法设计安装。图 9-9 是探头式弧光传感器示意图。

图 9-9 探头式弧光传感器示意图

一般来说，若光照度或辐射照度大于弧光动作门槛值的垂直正入射光，弧光传感器能够灵敏检测；若光照度或辐射照度大小相同的入射光，水平入射时弧光传感器获取的光照度或辐射照度为垂直正入射时弧光传感器获取的光照度或辐射照度的 70% 以上。

在安装和调试弧光保护装置时，需要额外注意光纤线与主控单元之间连接，以避免保护装置误动作以及不必要的报警。

紫外式弧光传感器正在研发和测试阶段。尽管现场经验有限，但是研究显示弧光本身最一开始的状态是紫光，然后慢慢演变成可见光。使用紫外式弧光传感器或许可以在弧光发生初期就检测到弧光，并且有效的与其他可见光区分，使得弧光保护更加可靠。通常情况下，弧光传感器不需要任何日常维护的工作。

5）电弧光保护的选择性。

在大多数情况下，弧光传感器安装在每个开关柜的母线室。这样配置有一个缺点，如果弧光最开始发生在断路器室和电缆室，那么就不能马上检测和清除弧光，除非弧光故障蔓延到母线室。

　　为了增加保护的选择性，可以分别在电缆室和断路器室安装弧光传感器。一旦电缆室发生弧光故障，可以在最短的时间内单判据跳出线柜断路器开关。同时，母线室和断路器室的弧光传感器继续对开关柜进行监测，如果检测到的光信号超过弧光整定值且电流信号也超过整定值，那么断开进线断路器开关以便清除母线弧光故障。如果考虑降低弧光保护系统的成本，可以将弧光传感器和光纤结合使用。

　　在大城市中，例如北京和上海，由于地下铺设大量的线缆，所以使用经电阻接地系统。这种系统推荐使用上述描述的保护方法，断开所有与母线连接的断路器，以便完全消除因电容放电倒送故障电流至母线而重新引起的弧光故障。

　　(5) 电弧光保护系统安装的成功案例及现场运行经验。

　　1) 广东茂名 110/10kV 大井变电站。

　　此变电站 10kV 开关柜安装了 RIZNER 电弧光保护系统，包括 1 台主控单元，2 台电流单元，并在每个开关柜母线室的合适位置安装探头式弧光传感器。

　　2010 年 4 月 22 日早上 08：16 分，1 号主变压器二次侧出线柜（编号 CB501）由于弧光保护装置动作跳闸。

　　经过保护工程师的现场调查和故障分析，得出的结论是 10kV PT 柜母线 A 相避雷器可能由于二次雷击或诱发的瞬态电压切换而引起爆炸，尽管之后过电流保护/接地故障保护继电器被正确动作。图 9-11 是被损坏的避雷器照片，此故障使得弧光穿过 PT 柜引发相对相母线故障。图 9-12 是开关柜被损坏的照片。弧光保护装置正确动作并清除故障总时间在 50ms 以内。

图 9-10　母线 A 相避雷器故障　　　　　　图 9-11　相对相母线故障

　　电流整定值设置在 1.3 倍的额定电流，弧光整定值设置在 30klux。电弧光保护系统作为母线主保护可以又好又快的对母线进行保护，同时减少对开关柜的损害以及在最短时间内为客户恢复供电。

　　2) 浙江丽水 110/35kV 龙石变电站。

　　龙石变电站 35kV 段安装 RIZNER 电弧光保护装置，配置了 1 台主控单元，5 台电流单元，并在每面开关柜母线室安装 1 个探头式弧光传感器。图 9-13 是国家电网浙江丽水 110/35kV 龙石变的照片。龙石变这样配置的原因是因为 I 段母线和 II 段母线是并列运行的（母联断路器开关闭合），且Ⅱ段母线上编号为 3528 和 3530 的出线柜连接 2 个小水电站。

2011 年 6 月 17 日下午 15：30 分左右，Ⅱ段母线 PT 柜 A 相发生接地故障。在 15：31：37，A 相接地故障扩大到 B 相，此时弧光保护装置检测到大于 50klux 的光强并且Ⅱ段进线过流值为 14.6A。因此弧光保护装置跳开Ⅱ段进线断路器开关和母联断路器开关，同时正确跳开 3528 和 3530 两面出线柜断路器开关。全部故障清除时间（从检测到相对相故障到跳闸指令发出）是 150ms。

图 9-12　浙江丽水 110/35kV 龙石变电站　　　　图 9-13　PT 绝缘击穿故障

经过保护工程师的现场调查和故障分析，得出的结论是 PT 绝缘击穿引起 A 相对地故障，继而快速引发相对相故障。由于跳闸逻辑设计得当，电流和弧光整定值都设定在可接受的范围内（电流整定值设定在 1.2 倍的额定电流，即 6A；弧光整定值设置在 50klux），使得弧光保护装置正确快速动作，并且尽可能的减少故障损害。

（6）小结。

综上所述，电弧光保护装置的主要特点是简单，灵敏，快速，灵活，可靠，可选择。

为了最大限度保护运行人员人身安全和减少设备的损害，同时依据国家标准和电力行业标准，建议在今后中低压母线主保护的设计中采用电弧光保护作为母线主保护。这也符合国际惯例和 IEEE/IEC 的相关标准。

无论在国内还是国外，作为中低压开关柜中替代母差保护的母线主保护，电弧光母线保护设计具有明显的优势，尤其适用于加装母线保护的技改项目。

参　考　文　献

[1]　樊建军. 电弧光保护及其在中低压开关柜和母线保护中的应用 [D]. 北京：华北电力大学电子与电气工程学院硕士论文，2007：30-35.

[2]　陈曦. 电弧光保护在热电厂 10kV 厂用电系统的应用与分析 [J]. 赤峰学院学报，2013，29（8）：27-45.

[3]　张思. 弧光保护误动事故的分析及预防措施 [J]. 中国高新技术企业，2012（30）：95-96.

[4]　刘毅. 深溪沟水电站 10kV 厂用电系统弧光保护动作分析及探讨 [C]. 全国大中型水电厂技术协作网第十届年会，2013：336-340.

[5]　刘盛宝. 一起 10kV PT 事故原因分析 [J]. 科技风，2012（23）：57-57.

[6]　张长勤. 一起 10kV 变压器的故障案例分析 [J]. 电气时代，2012（8）：76-77.

[7]　唐伟军. 一起罕见的 220kV SF₆ 开关弧光接地故障分析 [J]. 电力安全技术，2008. 10（1）：61.

[8]　任亚军. 一起弧光保护动作后的分析 [J]. 贵州电力技术，2016，19（1）：71-73.

[9]　钟声. 增强型电弧光保护在中低压开关柜中的应用研究 [D]. 北京：华北电力大学电子与电气工程学院硕士论文，2007：5-14.

[10]　周林. 曹天怡. 电弧光保护作为母线主保护在中低压开关柜的应用和讨论 [J]. 供用电，2016（12）：47-54.